庭・畑・空き地、場所に応じて楽しく雑草管理

草取りにワザあり!

はじめに

家に庭がある人は、草取りが最も嫌な仕事でしょう。シバを張っても、雑草が生えて、シバが負けてしまいます。住宅地の地区で花壇を作って花の苗を植えても、その後放置されて、雑草に負けているところをよく見かけます。野菜を栽培すると、畝間に雑草が生えるので、草取り作業に追われます。昔は「田の草取り」が農家にとって最も辛い仕事で、田んぼの片方から草を取ると、取り終わる頃には、また最初のところに草が生えてきて、ずっと草取りに追われます。それも原因でしょうが、昔の農家のお婆さんは皆さん腰が曲がっていました。

日本のダイズ畑では、ダイズが雑草に埋れて、何を栽培しているのかわからないところがよくありました。道路や線路の脇に、カモガヤやオオブタクサが増え、花粉アレルギーの原因になります。道路脇の斜面にはクズが広がって、草刈り機による草刈りも難しくなります。雑草がなければ、庭も道路脇も空き地ももっときれいになり、農業はもっと楽になることでしょう。

楽に草取りができれば、どんなにいいでしょう。最も楽な草取りは除草剤を撒くことですが、除草剤を散布すると枯れた草が残って汚くなり、枯れた後は土が露出し、土埃が立ちます。空き地では除草剤が使えますが、農地では使いにくいし、自宅の庭でも使いたくないものです。上手に雑草の管理ができれば、四季折々に花が咲く美しい庭になります。田畑では作物が雑草に負けずに生育して、多くの収穫が得られます。空き地や道路脇も美しい緑地になります。しかし、一言で言える最も良い雑草の管理法はありません。庭なのか、農地なのか、空き地なのかによって異なります。また、どの程度まで雑草が生えることを容認できるのかによっても管理法が異なります。

筆者が農業試験場の若手研究員であった頃、草取りは最も嫌な仕事でしたが、草取りが楽しいと言われるベテラン研究者がいました。若手研究者の間では、とても理解できないと話題になりました。筆者もその当時のベテラン研究者以上の年齢に達し、草取りが楽しいという気持ちが理解できるようになりました。楽しく草取りをするためには、まず、その雑草のことをよく知ることです。食べられるものもあれば、花が美しいものもあり、野菜や花として人間が栽培している植物と縁が近いものもあります。本書では、楽しく草取りするために、雑草と呼ばれる植物のことや、雑草のようによく生える花や野菜を紹介するとともに、それぞれの場所に応じた草取りの方法を紹介します。

草取りの道具の使い方 …… 39

よく生える雑草 草取りガイド …… 49

畑や空き地の雑草（中型雑草）……80

荒れ地の雑草（大型雑草）……110

雑草と上手くつきあう……125

草取りを楽しみながら庭作りを……126

手間をかけない草取りの工夫

楽しい草取り入門

雑草の持つ特殊な力

雑草とは何か

雑草とは、人間の身の回りに自生して人間に好まれない草と言えます。あなたに好まれない植物は、あなたにとっては雑草です。イネやダイズなど人間にとって食料となるので栽培する食用作物や、果樹や野菜などの園芸植物、鑑賞用に栽培する草花や庭木などは、人間に好まれる植物です。一方、セイタカアワダチソウやオオブタクサ、ヤブガラシ、ヘクソカズラのように、人に嫌われる植物もあります。

雑草のように繁殖するが、人間に利用される植物もあります。クズの肥大した根やワラビの根茎（こんけい）（地下で伸びる茎。地下茎とも言います）は、くず粉やわらび粉の原料となり、ヨモギやハコベ、スベリヒユは食用となります。カモガヤやイヌムギ、シロツメクサは優れた牧草であり、ドクダミやゲンノショウコは薬草です。ヨシやススキは建材となり、ススキやスミレは鑑賞用にもなります。どこでも見られる雑草であるヒメジョオンやハルジオン、セイタカアワダチソウは、もともと鑑賞用に海外から導入された植物で、鑑賞用に栽培されたオオキンケイギクは、雑草化して特定外来生物として駆除すべき植物になっています。スミレには様々な種類があって、鑑賞価値が高いものもあります（写真1）が、よく増え、雑草なのか鑑賞植物なのか曖昧な位置付けにある植物です。春の主要な雑草であるオオイヌノフグリ（写真2）は、鑑賞用で栽培するベロニカ類（写真3）と似ています。球根草花であるハナニラは、種子で広がって雑草のようになります（写真4）。

写真1　庭の砂利道に生えるヒゴスミレ

写真2　青い花が美しいオオイヌノフグリ

写真4　ハナニラ

写真3　ベロニカ類の鑑賞植物

雑草にとれば人間の方が侵略者

宅地や農地は、元を正せば空き地や荒れ地です。そこに人間が入り込み、花やシバや作物を栽培しようとしても、もともとそこに適応して繁殖していた植物が、そこで生き残ろうとします。元の植物にとっては、縄張りを侵されたようなものですが、人間にはそれらは雑草と見なされます。家を建てて、あるいは農地を開墾して数年間は、元いた植物と人間が栽培する植物の生存競争です。丁寧に管理されていると、雑草と呼ばれる植物は徐々に減少します。しかし、放置されると元の状態に戻ります。

雑草と呼ばれる植物の多くは、空き地や荒れ地に適応した植物です。そういう場所も長らく放置すると、潅木が生え、その後高木が生えて森林となります。森林になると、つる性でもない限り、草本植物は背が低いために日当たりが悪くなり、適応できません。人間により木が切られる、水が不足している、河川の氾濫が起こりやすいなど、何らかの理由により樹木が育ちにくい場所に、雑草と呼ばれる植物は適応しています。

雑草は多数の種子をつける

完全に人工的な環境でしか生育できない植物はありません。そのため、どんな植物も温度や水分条件が適せば自生できるので、雑草となりえます。しかし、雑草となりやすい植物には共通性があります。どれも繁殖力が高く、成長が早いことです。雑草の大部分は種子植物で、種子で繁殖します。つまり、雑草となりやすい植物は種子を多数つけ、それを広げる能力があります。

種子植物は、ソラマメのように大きな種子を少数つけるものと、ケシのように小さな種子を多数つける（写真5）ものがあります。大きな種子の方が、発芽後の生育がよく、既に多数の植物が生えているところでも育つことができます。小さな種子では、発芽初期の苗が小さく、他の植物との競合に勝てません。種子が小さな植物は多数の種子をつけるので、植物で覆われておらず土が露出したところに落ちた一部の種子は生育して子孫を増やせます。そのため、小さな種子をつける植物は、河川敷や土砂崩れしやすい斜面のように撹乱されやすい土地に適していて、人間による撹乱にも適応性が高いので、雑草になりやすいと言えます。

写真5　ナガミヒナゲシの種子

雑草は自ら種子を播く

タンポポの種子には羽毛がついていて、風で飛びます。ヒメジョオンやノボロギク、ヒメムカシヨモギ、セイタカアワダチソウなど多くのキク科植物の種子も同じように羽毛があり（写真6）、よそから飛んできます。オオオナモミやアメリカセンダングサ、チカラシバのように、人の衣服や動物の体について運ばれるものや、ノイバラやワルナスビのように実をつけて、鳥や動物に食べられて運ばれるものもあります。このように雑草になりやすい植物は、種子を広げる手段を持っているものが多いです。

カタバミやタネツケバナ、スミレの種子は、莢(さや)から飛び散ります。イネ科の雑草の種子は、穂からこぼれ落ちます（脱粒性）。イネやコムギではこのような脱粒性はありませんが、イネやコムギの原

写真6　タンポポの種子

種の野生植物では、種子が穂から落ちて広がります。マメ科の雑草も、莢が弾けます。ダイズは莢が弾けませんが、ダイズの祖先の野草であるツルマメは、莢が弾けます。イネやダイズなどの栽培植物では、種子が成熟しても植物体からこぼれ落ちないようなものを人間が選んできた結果、そうなったと考えられています。

雑草は早く子供を作る、あるいは地中で生存できる

雑草の成長は早く、発芽して1、2カ月のうちに種子を撒き散らすタネツケバナやカタバミのような植物もあります（写真7）。これらは小さくても種子をつけるので、草取りをしていて見落としがちで、よく増えます。小さいのだから問題ないと思われるかもしれませんが、養分など環境条件が良いと大きくなります。

写真7　カタバミ類の莢

種子の発芽から結実までの1世代が短い植物は、人間によって撹乱される場所に適応力があります。エノコログサやヒメジョオンのように大きくなる雑草は、開花結実して種子を飛ばすまでの日数が長いので、草取りによって取り除かれますが、1世代が短い植物は、気づかない間に種子をつけて広がるので、よく管理している庭でも目につく雑草です。

セイタカアワダチソウやドクダミ、ササのように地中に根茎（写真8）を伸ばしたり、ムラサキカタバミやカラスビシャクのように球根（写真9）をつける植物は、草取りで地上部を丁寧に取り除いても、地下から芽が出てきます。生育に適さない季節の間、地中の根茎や球根だけで生存する種類も多くあります。そのような植物は、草取りで根茎や球根を完全に取り除くのは困難なため、雑草としての能力が高いです。

写真9　カラスビシャクの球根（矢印）

写真8　ドクダミの根茎（矢印）

雑草の種子は休眠する

野性的な植物の種子は、一般に休眠性を持っています。休眠性とは、結実してできた種子が地面に落ちてもすぐには発芽しないという性質です。これは、生育に適さない季節の間は種子で生存し、生育に適した季節に発芽するようにする植物の能力です。

例えば、秋から春にかけて生育する植物は、夏の暑さや乾燥に弱いので、初夏に種子をつけて地面に落ちた種子がすぐに発芽すると、夏の間に枯れてしまいます。休眠性を持っておれば、秋まで発芽しないで種子の状態で生存できます。雑草の種子の中には、地面に落ちたものが翌年だけでなく、休眠が長くて2、3年後に発芽してくる種子が含まれることが多くあります。そのため、一度雑草の種子が撒き散らされると、数年間（長いものでは10年以上）は雑草が発芽してくると思った方がよいでしょう。

野生植物や多年生の植物では、冬の寒さを経験して休眠から目覚める種子もあるので、種播きしてしばらく待っても発芽しないからといって、すぐに諦めず、そのまま水やりを続けておれば数カ月して発芽してくることがよくあります。一方、種播きで育てるイネやダイズ、野菜などの作物では、早く発芽したものが人間によって残されて次の世代の種子をつけるので、遺伝的に休眠性があまりない個体が選ばれることになり、早く発芽するものが多くなります。

雑草は不良環境に強い

雑草は、作物や鑑賞植物が生えることができないような砂利道や人に踏まれるようなところ（写真10）などにも生え、低温、高温、乾燥など、不良な環境下でも生存できるものが多くあります。不良な環境下では、小さく育って早く種子をつけ、生育に好適な条件では大きく育って多数の種子をつけるという適応力もあります。成長が早いので、栽培している作物や鑑賞植物との競合に勝ち、それらを覆ってしまうほどになります。

水田の雑草となるイヌビエ（写真11）は、イネが行うC3型光合成とは異なるC4型光合成を行います。C4型光合成は、C3型光合成よりも光合成能力が高く、高温や乾燥に適応した光合成の機構と考えられています。

夏の雑草の代表格であるエノコログサやメヒシバもC4型光合成を行います。スベリヒユ（写真12）やマンネングサ類は、もっと強い乾燥に適応した光合成であるCAM型光合成を行います。

雑草はスーパー植物か？

ここまで読まれると、雑草はまるでスーパー植物のように思われるかもしれません。しかし、特定の雑草がどんな環境条件にも強いわけではなく、植物には様々な種類があって、その時、その場所に最も適した植物が雑草となっていると理解すればよいでしょう。その時、その場所で最も競争力の高い植物と、人間がある目的を持って栽培する植物を競合させても、栽培する植物が負けるのは当然です。そのため、人が「弱きを助け、強きをくじく」ようにしないと、雑草だらけの庭や農地になってしまいます。

完璧に除草することを10年も続ければ、雑草がほとんど生えないようになることが期待できます。ただし、近隣から種子が飛んでくるし、鳥によって種子が運ばれてくるので、その後も常に草取りは必要です。

写真10　道によく生えるオオバコ

写真11　C4型光合成を行うイヌビエ

写真12　CAM型光合成を行うスベリヒユ

まずは敵を知ろう

雑草の名前を覚える

雑草の名前を覚えれば、草取りが楽しくなります。雑草という敵（？）を攻略するには、相手を知ることが重要です。名前がわかれば、その植物をインターネットや図鑑で容易に調べることができるので、その植物のことをいろいろ知ることができます。名前を知らないと、その雑草がどんな特性を持っているかわからず、得体の知れない草のままです。得体の知れないものを退治するという意識では、楽しく草取りできません。

草の形から植物の名前を言い当てるのは案外難しいものです。葉や花や植物体全体の形、毛の有無や葉の艶などで識別しますが、これは今のところ人間にしかできないことです。慣れてくれば、よくある雑草は小さな苗を見ただけで、これは何という植物かが何となくわかりますが、知らない雑草もいろいろ生えてきます。花の写真を撮ると花の名前を教えてくれるアプリはありますが、雑草名を教えてくれるアプリはまだないようです。珍しい植物ならネット上で問い合わせをすれば教えてもらえることがありますが、ありふれた植物の名前をいちいち問い合わせするわけにもいきません。野草や雑草の図鑑をよく調べて、その雑草の名前を推定するしかありません。

図鑑で雑草の名前を調べる

野草や雑草の図鑑を見て雑草の名前を調べる時に困ることは、分厚い図鑑をどのように調べればよいかということです。植物の名前を調べるのによく使われる図鑑は『原色牧野植物大図鑑』（北隆館）で、これはどこの図書館にも置いてあります。日本にあるほとんどの植物が掲載されており、写真ではなく手描きの図で示されているので、細部にわたってよくわかり、野草や雑草の名前を調べるのに適しています。手描きの図では植物体の質感が伝わりにくいので、植物が写真で示されている『野草大図鑑』（北隆館）も参考にするとわかりやすいです。しかし、

いずれも分厚すぎて、前から1ページずつ全部見て、調べたい植物を探すのは容易ではありません。

『日本の野草』（山と渓谷社）は、多数の植物の写真を掲載している割には小さな本なので、植物名を調べるのに使いやすいです。しかし、やはり種類が多いので、調べるのが大変です。主要な雑草だけを紹介した小さな本は多数出版されており、それらでは調べやすいですが、掲載されていない植物が多くなります。

植物図鑑では大抵の場合、植物の分類学に基づいて各植物が掲載されています。種子植物は、裸子植物と被子植物に分かれますが、植物図鑑では裸子植物と被子植物がそれぞれまとまっています。被子植物は、単子葉植物と双子葉植物に分かれるので、それぞれにまとまり、双子葉植物は合弁花類と離弁花類に分けられています（図1）。さらに、それらの中では、植物が科ごとにまとまっています。そのため、調べたい植物が何科かがわかれば、調べるのがだいぶ楽になります。

その植物の「科」を推定する

雑草とされる植物の種類が多いものには、イネ科、キク科、アブラナ科、マメ科、ナデシコ科などがあります。

イネ科は、単子葉植物で細い真っ直ぐな葉をつけるので、双子葉植物とははっきりと識別で

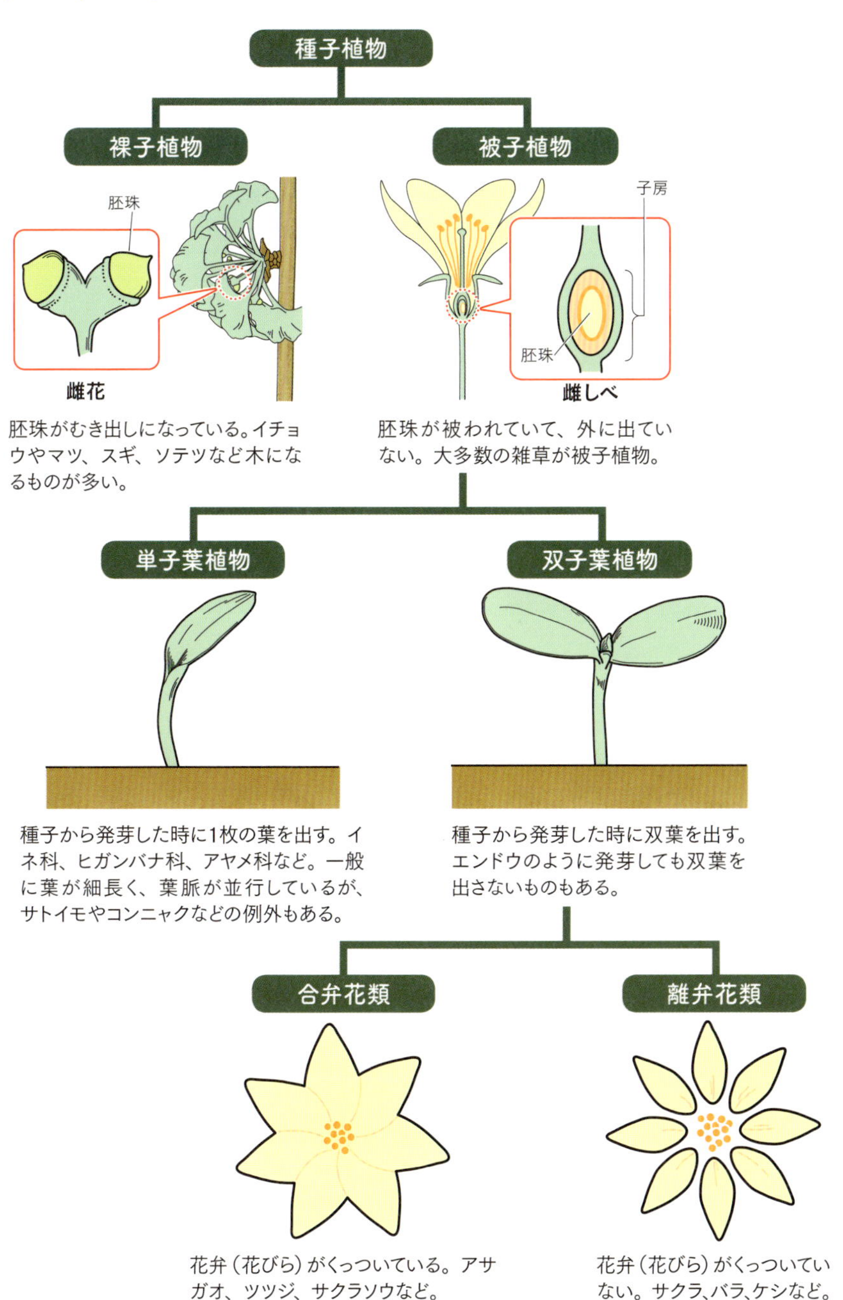
種子植物
裸子植物
被子植物
胚珠
雌花
胚珠がむき出しになっている。イチョウやマツ、スギ、ソテツなど木になるものが多い。
子房
胚珠
雌しべ
胚珠が被われていて、外に出ていない。大多数の雑草が被子植物。
単子葉植物
双子葉植物
種子から発芽した時に1枚の葉を出す。イネ科、ヒガンバナ科、アヤメ科など。一般に葉が細長く、葉脈が並行しているが、サトイモやコンニャクなどの例外もある。
種子から発芽した時に双葉を出す。エンドウのように発芽しても双葉を出さないものもある。
合弁花類
離弁花類
花弁（花びら）がくっついている。アサガオ、ツツジ、サクラソウなど。
花弁（花びら）がくっついていない。サクラ、バラ、ケシなど。

図1　種子植物の分類

きます。カヤツリグサ科の植物はイネ科と似ていますが、イネ科の植物は葉鞘（ようしょう）と葉舌（ようぜつ）（写真13）を持つので、カヤツリグサ科の植物や他の単子葉植物と大抵区別できます。花は穂状に緑色の目立たない小花をつけます。

キク科の植物は、小さな花が寄せ集まった「頭状花序」と言われる特徴的な花を持ち（写真14）、1つの花弁のように見えるのが1つの花で、舌状花（ぜつじょうか）と言います。中心部は花弁を持たない小さな花の筒状花（つつじょうか）の塊です。キク科で雑草となっている植物は、タンポポのように風に乗ってよく飛ぶ羽毛をつけた種子をつけるものが多いです。

アブラナ科は、昔は十字花科と呼ばれ、4弁の花を真っ直ぐな穂に下から咲かせます。マメ

写真13　イネ科植物の葉鞘（ピンク矢印）と葉身（黄矢印）

写真14　キク科植物（ヒャクニチソウ）の頭状花序
桃色の花弁1枚が1つの舌状花、中の黄色いのが筒状花。筒状花は花らしくないが、ヒャクニチソウの筒状花はわかりやすい。

科植物は、フジやハギのようなマメ類独特の形の花をつけるので、花を見ればすぐにわかります。莢はエダマメのような莢で、種類によって大小様々です。
ナデシコ科は、5枚の花弁を持つ離弁花を頂部につけ、葉は対生（2枚が茎の同じ位置に反対方向を向いてつく）（写真15、16）します。花弁が切れ込んで10枚に見えるハコベのようなものもあります。
ユリなどのユリ科とアマリリスなどのヒガンバナ科はよく似ていますが、ユリ科は雌しべの子房が花弁より上にある（子房上位）のに対し、ヒガンバナ科は子房が花弁より下にある（子房下位）ので識別できます（写真17）。このような花の形が植物の分類に重要な指標となります。しかし、ユリ科に入っていたネギやニラなどが、類縁関係の研究からヒガンバナ科に入れ

写真15　対生でつくハコベの葉（矢印）

写真16　対生でつくムシトリナデシコの葉

られるようになり、形態だけではわかりにくいところがあります。

科がわかれば、その科に含まれる植物の画像や写真を図鑑で全て見て、一番近そうなものを探します。葉の形や草の姿、花のつき方、莢の形など、様々な特徴を調べて、名前を推定します。しかし、知らない植物では、花が咲かないと何科かの見当もつかないことが多いです。

似たものが多数あって名前が正確にわからない

図鑑を見て植物名を明らかにしようとして、いつも困るのは、似た植物がいろいろあることです。例えば、これはハコベだと思って図鑑を調べると、ミドリハコベ、コハコベ、イヌハコベ、ウシハコベ、ノミノフスマなどの名前が出てきて、どれかわからなくなります。ヘビイチゴだと思ったら、オヘビイチゴ、ヒメヘビイチゴ、ヤブヘビイチゴ、キジムシロ、ミツバツチグリのような似た植物

写真17　子房上位のユリ（右）と子房下位のヒガンバナ（左）。それぞれ矢印の部分が子房

があります。

　スミレには多数の種(しゅ)があり、それぞれ異なる名前がついていて、図鑑によって掲載されている種類が違うので、自分が見ているものがその図鑑にあるものか図鑑に載っていないものか、わからなかったりします。『原色牧野植物大図鑑』には、最近海外から入ってきた植物は載っていません。『新牧野日本植物図鑑』では約5000種、『野草大図鑑』では約2000種が掲載されていますが、被子植物は世界に約30万種あると言われており、最近の外来種も候補に含めると、わからなくなってしまいます。

　名前が全然違うのに、オオアレチノギクとヒメムカシヨモギ、スイバとギシギシ、サギゴケとトキワハゼ、センニンソウとボタンヅル、ススキとオギ、イヌガラシとスカシタゴボウなどのように似たものがあります。図鑑には、そのように似た植物の識別法が書いてありますが、丁寧に観察したり、花や莢を見ないとわからなかったりします。ミドリハコベ、コハコベ、イヌハコベ、ウシハコベ、ノミノフスマは別の種ですが、学名を見るといずれも同じ属に属することがわかります。同じ属に属すということは、互いに近縁であることを意味しますので、取り敢えずハコベの属と覚えて草取りをします。本書で写真で紹介している植物も、幼苗など種の特徴をはっきり示していないものでは、一部誤った名前で示しているかもしれませんが、その同じ属の植物ということで、ご容赦ください。

学名は世界に通じる名前

植物の名前は、図鑑では和名で示されています。しかし、チューリップの和名はウコンコウ、ペチュニアの和名はツクバネアサガオ、シクラメンの和名はカガリビバナやブタノマンジュウであり、和名が一般に通じる名前とはだいぶ違うことがあります。特に栽培植物では和名と通称が異なることが多くあります。本書では、一般に通じる名前を用います。

図鑑には、和名とともに必ず学名が書いてあります。学名は世界に通じる名前なので、英語でより詳しい情報を知りたい時にも利用

できます。学名はラテン語で表記され、属名と種小名の2つに命名者の名前を並べたもので種名となっています。春によく見る雑草のヒメオドリコソウの学名は*Lamium purpureum* L.で、ホトケノザは*Lamium amplexicaule* L.と書いてあります。*Lamium*が属名で、*purpureum*と*amplexicaule*が種小名、L.は命名者であるリンネを示しています（図2）。種小名は属名を修飾しているもので、*purpureum*は「紫色の」という意味、*amplexicaule*は「茎を掴む葉を持つ」という意味のようです。

今は便利なもので、ラテン語の意味も、Ｇｏｏｇｌｅ翻訳のサイトで簡単にわかるので、知らない種名が出てきたら、種小名の意味を調べてみると面白いです。ちなみに、ラテン語は歴史が古い言葉のため、時代や地域で様々な読み方があり、学名を英語風に読む人もいれば、ドイツ語風に読む人もいますが、ローマ字風に読めばよいでしょう。

属名と種小名はイタリックで書きます。命名者名は省略することも多いので、本書では省略して示します。一度種名が

図2　学名の表記法

（例）ヒメオドリコソウ

Lamium	*purpureum*	L.
（属名）	（種小名） 紫色の	（命名者の名前） リンネ Carl von Linné※

※カール・フォン・リンネ…スウェーデンの博物学者。
現在の種名のつけ方を決めた人で、多くの植物や動物の種名をつけた。
現在もリンネがつけた種名がそのまま使われている種も多い。

示された後や同じ属名の種が多数出てくる時には、属名を頭文字だけ示して、*L. purpureum*のように省略します。人が異なる種の間で交雑して作った種間雑種の種は、パンジーの*Viola* × *wittrockiana*のように種小名の前に×を入れます。互いに似ていて種名がわからない場合、属名がわかるだけでも十分です。そのため、本書では、雑草の種類は属名でまとめて紹介します。

「種」とは何か

「種」とは、生物の分類上の基本単位で、その間の交配で有性生殖を正常にできる個体群のことを言います。有性生殖とは、雌の卵子と雄の精子の受精によって子供を残すこと（雌雄がない場合は接合）で、種子植物では、種子で繁殖することとほぼ同じ意味です。ほぼと書いたのは、受精しないで種子ができる植物がごくわずかにあるためです（54ページの「セイヨウタンポポ」を参照）。

種が異なると、交配しても種子ができません。近縁な異種の間では、交配して雑種ができることがありますが、できた雑種は花粉や卵細胞が異常で生殖能力を持たず、子孫を作ることができません。ウマとロバの雑種のラバが子供を作れないのも、両親が別の種で、その間の雑種の有性生殖が異常になるからです。種にはこのような生物学的な定義があるため、研究が進めば、その命名が不適切であることがわかって、後で種名が変わることがあります。

ハクサイは*Brassica pekinensis*、ミズナは*Brassica japonica*、カブは*Brassica rapa*と名付けら

れていましたが、研究が進んでこれらが同種であることがわかり、ハクサイもミズナも*Brassica rapa*と呼ぶようになりました。

種名は、その生物の分類学者が、その形態から判断して、これまで種名がつけられているものとは別種であると判定した時に新たにつけるもので、全て交配実験をして確認するわけではありません。形態の変異は、種内の変異なのか、種の特性を表す特徴なのかの判断が難しいです。形態だけ見ていると、ハクサイとカブが同種、キャベツとブロッコリーが同種とは思えません。また、異なる国の人が互いに知らずに違う種名をつけ、その後それらが同種であることがわかることがあります。そういう場合は、早くつけた方の名前をその種名として採用します。

属の分類は種のような明確な基準がないため、もっと難しいです。トマトは*Lycopersicon esculentum*という種名でしたが、最近、ジャガイモやナスと同じ*Solanum*属に含められることになり、種名が*Solanum lycopersicum*と呼ばれるようになりました。これは、こういう植物を研究している研究者が集まる国際会議で相談して決め、皆がその種名の使用に従えば、その名前が定着します。

本書で紹介する雑草の中には、研究が進んでいない種類も多いので、それぞれに興味を持って研究していただくと、混乱した種名を整理できるかもしれません。

イネ科の植物は見分けにくい

イネ科には、主要な雑草になるものが多く、春から秋にかけて育つ雑草であるエノコログサやメヒシバ、秋から初夏まで育つ雑草のカモガヤなどは、どこででも見かける厄介な雑草です。イネ科の雑草は葉や茎がどれも似た形をしていて、穂が出てくるまで名前がわからないものが多いです。穂が出てくれば何とか名前がわかることが多いですが、それでもわかりにくいです。これは、図鑑にあるイネ科植物の写真が穂の形をはっきり示していない（写真ではわかり

にくい）ことや、外来種の牧草や西洋シバが多く雑草化していて、それらが図鑑に載っていないことがあるためです。

葉の太さや大きさが違うので、シバとメヒシバは穂が出る前にも識別できますが、コウライシバとスズメノカタビラは区別しにくく、シバがほとんどスズメノカタビラに置き換わってしまっているところを見かけることがあります。

イネとイヌビエは識別しにくく、穂が出て初めてはっきりとわかります。イヌビエにはイネにある葉耳や葉舌（葉身と葉鞘の境目の糸状や膜状のもの）がないので、よく注意して見れば区別できますが、パッと見にはわかりません。稲作に手をかけなくなってきたからか、近年、イヌビエが多数生える水田がよく目につくようになりました。

庭や野菜畑では、メヒシバであろうとエノコログサであろうと関係なく、イネ科の大きな雑草は見つけ次第除草した方がよいでしょう。

最も簡単な「種」の同定法

植物の形態で種を同定するには、様々な器官をそれぞれの成長段階で調べる必要があり、なかなか難しいところがあります。筆者も、雑草の写真を多数持っていますが、名前がわからないものがいくつもあります。

最も簡単で確実に種を同定する方法は、遺伝子（遺伝する因子で、遺伝的な特性を決めるもの）のDNAの塩基配列を読むことです。ただし、どの遺伝子でもいいわけではなく、多数の種で塩基配列が決定されている遺伝子であることが必要です。

葉緑体にある遺伝子のうち、光合成で二酸化炭素を固定する第一段階で働く酵素Rubiscoの遺伝子は、多数の植物種で塩基配列が決定されていて、植物の類縁関係を調べるためによく利用されています。

核の染色体上にあるリボソームRNAの遺伝子は、繰り返し配列になっていて、その繰り返し単位のリボソームRNAの塩基配列に挟まれた領域の部分も、多くの種で塩基配列が決定されています。その塩基配列情報がデータベースに登録されており、種を決定したい植物の塩基配列と比較して、データベースのある種の塩基配列と一致すれば、その種であることがわかります。

DNAの塩基配列決定は、専門の業者に依頼すれば、葉を1枚送付するだけでもやってくれます。得られた塩基配列情報から種を同定するには、英語で書かれたデータベースを調べる必要があるため、多少専門知識が必要ですが、それも含めてやってくれる会社もあります（下記参照）。

☞**株式会社リーゾ**
http://rizo.co.jp/　※費用は1件2万円程度。

草取りの道具と テクニック

雑草を増やさないために

雑草の繁殖法を知る

雑草の管理をするには、そこに生える雑草の性質をよく知ることが重要です。特に繁殖法を知ることです。一年草か多年草か、種子でのみ繁殖するか根茎や球根ででも繁殖するのか、が重要な点です。

雑草の図鑑には大抵、一年草か多年草かは書かれています。越年草と書いてあることがありますが、一年草で冬を越すものを意味します。二年草というのもあり、これは種子発芽から開花結実まで1年以上かかり、その後枯死する植物です。多年草は一般に、根茎や球根、肥大する根などが地中に残って、生育に適さない季節を過ごしますが、地上部がそのまま残る多年草もあります。一年草や二年草は種子でのみ繁殖しますが、多年草は種子繁殖とともに根茎や球根によっても繁殖します。

カタバミやシロツメクサのように、地上部を這う茎（ランナー）（写真18）で増えるものもあります。根茎や球根、ランナーでの繁殖は、母株の一部がそのまま増えるので、母株と遺伝的に全く同じもの（クローン）が増え、栄養繁殖とも言われます。種子繁殖には、自分の花粉で受精して種子ができる自殖と、別の個体の花粉で受精して種子ができる他殖があります。

他殖では、それぞれ遺伝的に異なる子孫ができます。栄養繁殖では、1年でせいぜい5mくらい（クズは約20mですが）しか横に広がれませんが、種子ではもっと遠くへ広がり、かつ多数の子孫を残すことができます。

種子をつけさせないようにする

一年草や越年草は、種子をつけなければ増えることができません。株元が残っていても、生育できる季節を過ぎれば枯れます。一年草では冬に、越年草では夏に枯れます。種子の休眠があるため、前にこぼれた種子が数年間は発芽してきますが、種子をつけさせないようにさえしておれば、いずれその雑草はそこからなくなります。

しかし、雑草には、花が咲いてから種子をつけるまでの期間が短いものが多くあります。

写真18　カタバミのランナー（矢印）

そのため、雑草の名前が正確にはわからないことはありますが、花が咲く前に草を取ることをお勧めします。

多年草で栄養繁殖するものであっても、種子をつけさせないことが重要です。多年草でも、種子による繁殖の方が増殖率が高く、種子によってあちこちに広がるためです。しかし、一年草や越年草に比べ、つける種子の数は一般に少ないです。

光合成できなければ、いずれ消滅する

多年草は、種子の他に根茎や球根などの栄養器官でも繁殖することから、種子をつけさせないだけでは、減りません。根元から取り除いても、根茎や球根が残って、そこからまた出てきます。土を掘り返して、丁寧に根茎や球根を取り除いても、どうしても少しは地中に残ります。そのため、草取りしても効果がないように思われます。

しかしながら、寄生植物なら別ですが、ほとんどの植物は光合成でエネルギーを獲得して育ちます。光合成は地上部で行うので、地上部を完全に取り除けば、たとえ地中にエネルギーを貯めている器官があっても、いずれ消耗して小さくなっていきます。植物体を刈り取って地上部を小さくして、他の植物の日陰になるようにしてやれば、それでも消耗していきます。しかし、ドクダミやセイタカアワダチソウのように根茎が太い植物や、ムラサキカタバミのような球根植物は、なかなかしぶといです。根気よく地上部を取るしかありません。

草取りの道具の使い方

雑草を完全になくすのは無理

雑草を完全になくすのは、地面をコンクリート張りにでもしない限り無理です。アスファルトで固めた程度では、隙間や亀裂に草が生えます（写真19）。コンクリート張りでも、日陰ではコケが生え、そこに草が生えます（写真20）。庭をコンクリートやアスファルトで固めると、夏はとても暑くなりますし、殺風景です。そのため、木を植えたりして、土のある庭を作ることが多いですが、そうすると雑草が生えます。

手間をかけて、あるいは除草剤散布で完全に雑草を取り除いたとしても、土の中に種子が残っていて、また生えてきます。休眠するものが多いので、1、2カ月後や2、3年後にも発芽してきます。

種子が風で運ばれてくるものや、飛び散るもの、人や

写真20　コンクリート上のコケに生えるヒメムカシヨモギ

写真19　アスファルトのすき間に生えるエノコログサ

動物の体についてくるもの、鳥に運ばれてくるものもあります。そのため、完全に雑草を取り除いても、1カ月もするとまた雑草が生えてきます。春から夏にかけては、特にこまめに草取りをする必要があるため、それを楽しくやれることが望ましいです。

根から完全に取るべきか

雑草の根を完全に取り除くのは無理です。根は土の中に広がっていて、長いものは1m以上伸びます。ただ、地中に残った根から芽が出てくる植物はあまり多くありません。そのため、根まで完全に取る必要はないものが多いです。しかし、茎が

写真21　草取りの道具

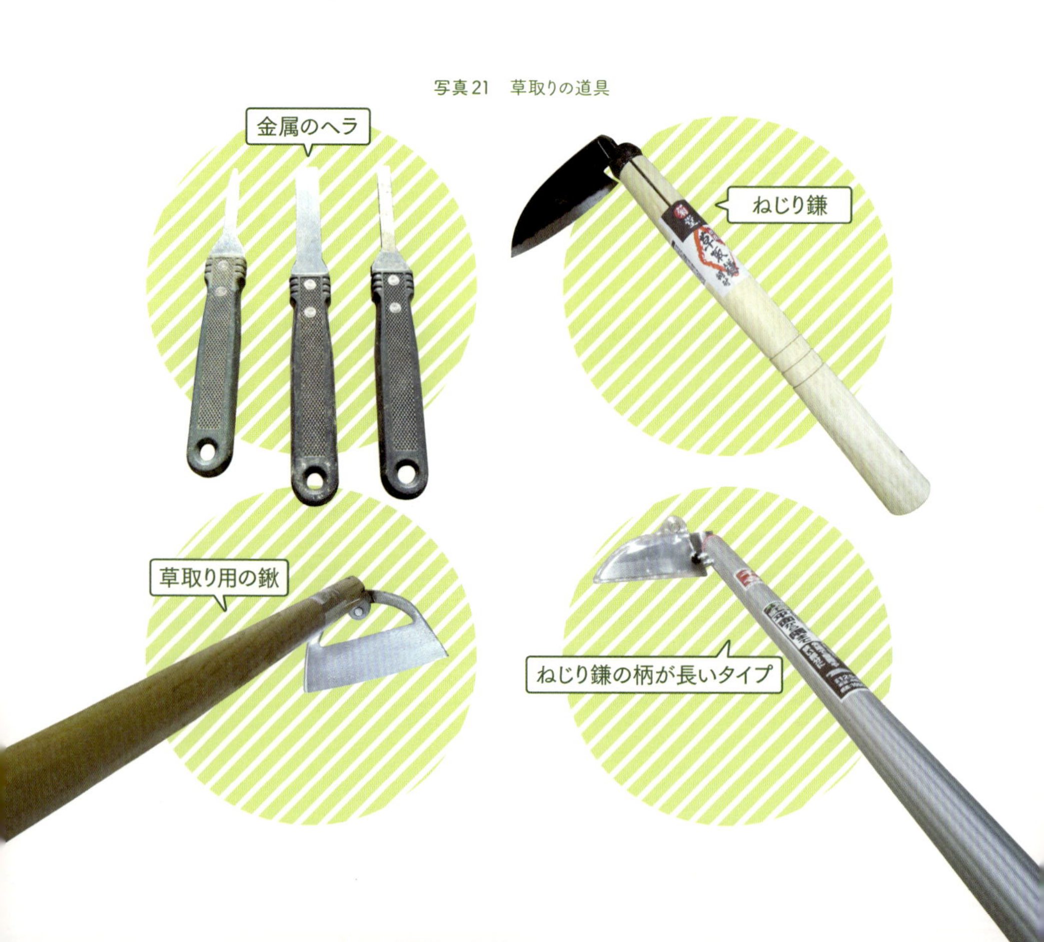

地中に残っていると、そこから芽が出るので、地中の茎（根茎）はできるだけ取ります。

根茎を伸ばさない植物では、茎と根の境目の部分まで、土を0～1㎝の深さで掻き取って取ります（42～43ページの図3a－3g）。それには、ねじり鎌や金属のヘラ、草取り用の鍬などを使います（写真21）。ねじり鎌や草取り用の鍬は、土の表面を滑らせて土を薄く掻き取るように使います。小型の雑草の小さな株は、指で引き抜くか（写真22）、金属製のヘラで根元を切って抜くか（写真23）、ねじり鎌などで根元から掻き取ります（写真24）。

写真22　指先でイネ科の雑草を取る

写真23　ヘラで根元から取る

写真24　ねじり鎌で根元を掻き取る

雑草タイプ別

草取りのテクニック

**植物の形状や大きさ、生え方などによって草の取り方も異なります。
ここでは、よく生える雑草を7つのタイプに分けて、
効果的な草取りのテクニックをご紹介します。**

図3a

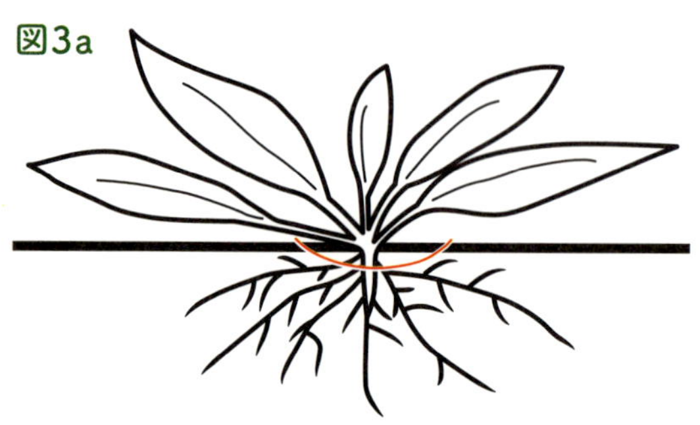

ロゼット状態で育つ草は根元から掻き取る。
地面から深さ0～1cm程を赤線のように土とともにねじり鎌や草取り用の鍬で削る。

図3b

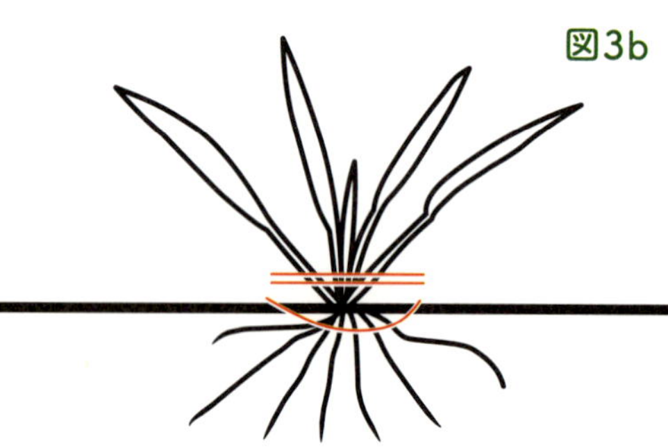

イネ科の草は根元から掻き取るか、地上部を数cm残して刈り取る。
地面から深さ0～1cm程を赤線のように土とともにねじり鎌や草取り用の鍬で削るか、鎌やハサミ、草刈り機で地上部を数cmの高さ（赤二重線）で切る。

図3c

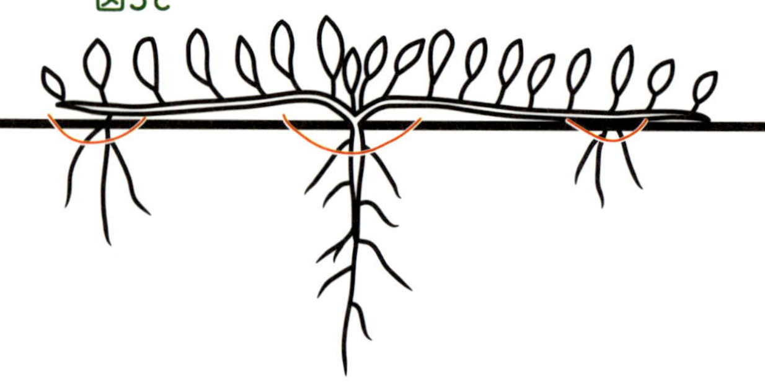

ほふく茎（ランナー）で広がる草は根のあるところを根元から掻き取る。
地面から深さ0～1cm程を赤線のように土とともにねじり鎌や草取り用の鍬で削る。

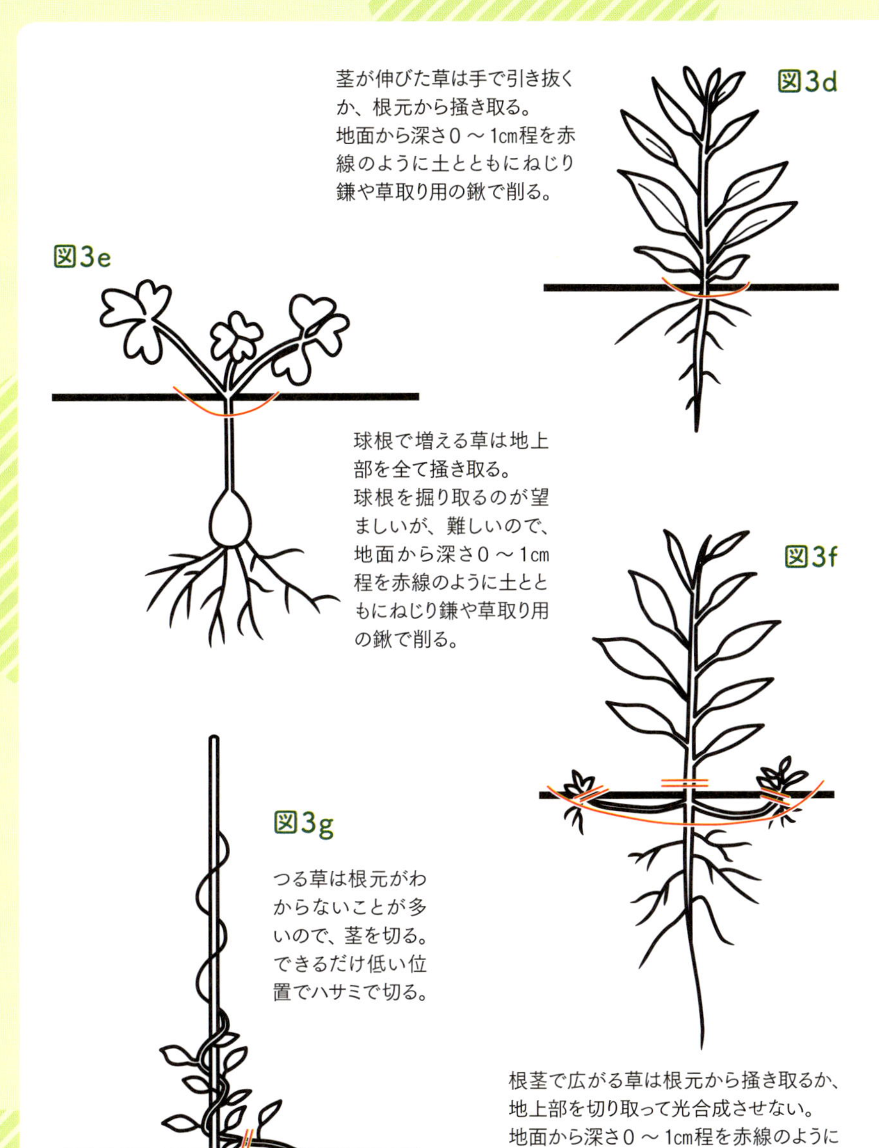

根茎で広がる草は根元から掻き取るか、地上部を切り取って光合成させない。
地面から深さ0 ～ 1cm程を赤線のように土とともにねじり鎌や草取り用の鍬で削るか、鎌やハサミ、草刈り機で地上部をできるだけ低い位置で切る。

根元まできれいに取れないものは

植えている植物の隙間に生えている場合や両手を使いにくい場合は、指で取ります。引き抜くと土を掘り返してしまうほど大きくなった場合は、ねじり鎌や草取り用の鍬などで、根元から掻き取ります。

植物によっては、根元まできれいに除くのが難しいものもあります。ハコベやカタバミなどは、茎が細くて切れやすく、根元まで全部きれいに取れません。根茎や球根で増える植物は、根茎や球根を取り除かないと残りますが、これを完全に取るのは難しいです。また、セイタカアワダチソウやススキのような大型の雑草は、硬すぎて根元から掻き取るのは困難ですし、つる性の植物は根元がわかりにくいことが多いです。こういう場合は無理をせず、地上部をできるだけ取ることです（42～43ページの図3a－3g）。地上部をできるだけ小さくし、他の植物よりも小さくするだけでも草取りの効果はあります。

草取りと草刈りの違いは？

草取りは、草を引き抜くか根元を掻き取って、草の地上部をきれいに取り除くことです。草刈りは、草刈り鎌や刈込みバサミ、草刈り機や芝刈り機などで地上部を少し残して上を切り取ることで、目的に応じて両者を使い分けます。

植物の種類や大きさによっても、草取りがよいか、草刈りがよいか異なります。雑草をなくすためには、草取りをした方が効果が高いですが、前述のようにそれが難しい植物もあります。また、草を取ってしまうと、土だけになります。花を植えているところや野菜畑ならそれでいいですが、空き地や道路脇などのような草が少し残っていた方がいいところでは、草取りより草刈りの方が適しています。

イネ科植物が多く生えていれば、草を刈るだけで、きれいな草地となります。頻繁に草刈りをしていれば、大型雑草は花を咲かせることができないので年々減っていき、小型の

雑草が増えてきます。空き地や道路脇では、短く刈りそろえたイネ科の草や小型の雑草を多くするようにすれば、見栄えが良くなります。

草取りを立ってするか、しゃがんでするか

立ったままで作業すると小さな草に気づきにくく、しゃがんで目を近づけると、見える雑草がかなり異なってきます。芝生の中のスズメノカタビラや、パンジーの間のオオイヌノフグリの小さな株などは、目を近づけないとなかなか気づきません。普通に歩きながら見て気づかない程度ですから、気にしなくてもいいとも言えます。しかし、放置すると目立つほどに大きくなってきます。早めに草取りをする方が、楽に草取りできます。

しゃがんで草取りをするのは、立ったりしゃがんだりで疲れやすいのが問題ですが、スクワット運動をしていると思えばよいことです。面積が広くて疲れるなら、柄が長いねじり鎌や草取り用の鍬を使えば立ったまま作業できます。野菜畑などで雑草の数が多い時は、立ったまま作業した方がよいでしょう。しかし、小さな株は見落としやすく、細かい作業がしにくくなります。

草取りは丁寧さよりも効率を重視

雑草の成長は早いです。春から夏は草取りをして1週間もすると、取り残した雑草が大きく

なっています。土の表面を掻き取って全ての雑草を除いたとしても、2週間もすると、新たに発芽したものが広がっています。雑草の成長と草取り作業の追いかけっこです。そのため、丁寧さも大事ですが、それよりも、素早く、疲れないように行うことが重要です。

人間一人や二人の手作業で、庭や農地の草取りをするなら、1時間でどの程度の面積の草取りが可能で、草取りした後に何週間程度すれば再度草取りが必要になるか、その期間に何時間の草取り作業ができるかを考え、その作業法で管理できる面積をまず計算することです。能力以上の面積があれば、人を増やす、作業時間を長くするなどを検討し、それが無理なら、もっと効率的な草取り法を利用する必要があります。管理する面積が広くなると、草取りは丁寧さよりも効率が求められるようになります。

草の取り方は面積次第

1坪ほどしかない小さな庭は丁寧に草取りができますが、100坪もある大きな庭で同じように草取りをすると、100倍時間がかかることになります。100人でやるならいいですが、1人でやれば端から草を取って、取り終わる頃には最初草取りしたところが大きくなりすぎていることになります。1haもある農地や空き地であれば、もっと効率的な草取りをしないと間に合いません。

草取りの丁寧さは、家からの距離に応じて差をつければよいでしょう。家から3m程のよく目につくところは、タネツケバナやオオイヌノフグリのような小さな雑草も丁寧に取ります。3～10ｍのところは、小さな雑草は放置し、メヒシバやヒメジョオンのような大きくなる雑草を手作業で根元から取るような草取りをするのがよいでしょう。10ｍ以上離れていれば細かいところは目につかないので、大きな雑草を刈り払うだけにするというのが適当かもしれません。機械で雑草を刈り払うだけなら、短時間で広い面積の草刈りができます。ヒナゲシやコスモスなど広いところで栽培している場合は、隙間に雑草が生えていても、印象派の絵画のようで遠目に見ると美しく見えます。

草取りガイド

身近な雑草と草取りの手引き

よく生えている雑草を、小型雑草、中型雑草、大型雑草に分けて、よく見かける一般的なものから紹介します。筆者が目にする頻度が高いものの順に大体並べており、かなり主観的な並べ方です。その植物を見かける頻度は、庭や空き地の管理の程度や地方によって異なりますが、ごく普通の身近な雑草のみ示します。よく見かけるので、生存力や繁殖力が極めて強い植物です。小型、中型、大型、それぞれ上位10種くらいまでは覚えておいていただきたい雑草です。

ここで紹介できない雑草の種類は多数ありますが、それらについては雑草や野草を多数紹介した本や図鑑を参照してください（200ページの「参考図書」）。

■ページの見方

よく見られる場所と雑草の特徴

庭の雑草（小型雑草）➡52～79ページ

庭でよく見る草丈50㎝以下（膝下ぐらいまで）の小型の雑草を紹介します。草丈50㎝以下の雑草は、庭で生えているのは気になりますが、空き地であれば生やしておいてもよさそうなものです。それぞれ花が美しかったり、食用になったり、薬になったりするので、よく知ると可愛い植物に思えてきます。

畑や空き地の雑草（中型雑草）➡80～109ページ

草丈50～150㎝（膝の高さから目の高さくらい）程度の中型の雑草を、よく見かける順に紹介します。初夏から夏に開花して大きくなる雑草が多く、野菜畑や放置された庭、空き地などでよく見られるもので、種類が多いです。

荒れ地の雑草（大型雑草）➡110～124ページ

草丈150㎝以上に大きくなる雑草を紹介します。線路脇や長い間放置された荒れ地などに多く見られます。樹木や建物に絡んで数mの高さにもなる、つる性の植物もここに入れています。ここで紹介する大型の雑草は、茂ってしまうと鎌や鍬では手に負えず、エンジン式刈払い機のような強力な機械で刈り取るか、除草剤を使うしかありません。しかし、つる性の植物は刈払い機では刈りにくく、植木に絡むので除草剤も使いにくいです。芽が出始めで、まだあまり大きくなっていない初夏の時期から、こまめに刈り払うのが有効です。

■植物のつくりと部位の名前

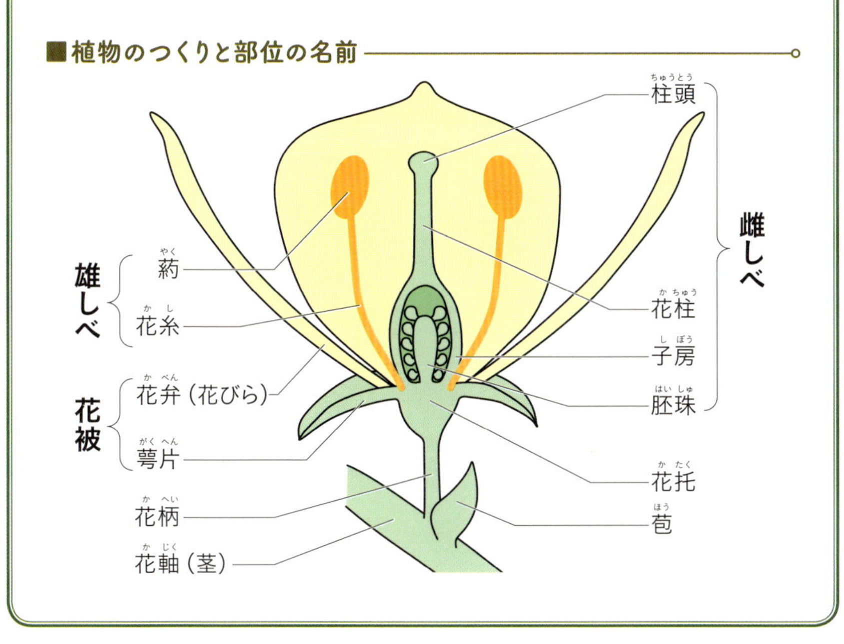

カタバミ

カタバミ科　***Oxalis corniculata***

別名：かがみぐさ、すいば、しょっぱぐさ／英名：creeping woodsorrel, procumbent yellow sorrel, sleeping beauty／原産地：世界中に分布し、不明／増え方：多年草でランナーで広がるが、種子でよく増える／繁殖期：真冬以外はいつでも開花し、種子ができる

1 カタバミの幼苗

雑草として非常によく目にするカタバミは、葉がハート型の3枚の小葉からなり、シロツメクサ(➡53ページ)と間違われやすい多年草です。茎は地面を這って横に広がり、葉柄を直立させて緑色か赤紫の葉を水平につけ、草丈1～5㎝程なので、草の形もシロツメクサを小さくしたようで似ています。しかし、花は5弁の径5㎜程の黄色の花で、シロツメクサとは全く異なります。莢はオクラを小さくしたような形をしており、触ると飴色の種子を飛ばします。種子根（しゅしこん）（種子が発芽して最初に出る根）は少し太く、ランナーからも根が出ます。幼苗の時は指で抜き、ランナーで広がれば、ねじり鎌やヘラで土とともに掻き取ります。カタバミのランナーは切れやすいので、完全に取り除くのは難しく、いつまでも取り残しから芽が出てきます。小さいのであまり気にならないし、黄色の花が可愛いので、つい取らずに残してしまうため、余計によく増えます。

カタバミによく似た植物で、やや大型で花が1㎝以上ある黄色の花を咲かせる種類があります。これはオッタチカタバミ（*Oxalis dillenii*）という外来種で、それなりにきれいな花を咲かせるので、除草すべきか迷うかもしれません。同じ属には、外来種で球根で繁殖するムラサキカタバミ（*O. corymbosa*）やイモカタバミ（*O. articulata*）があります。どちらもカタバミより植物体は大型で、直径1㎝以上のピンクの花を多数つけるので、鑑賞用にもなります。もともと鑑賞用として海外から導入された植物ですが、繁殖力が高く、地中の球根を取り除きにくいので厄介な雑草となっています。*Oxalis*属には100以上の種があり、他にも球根で繁殖するハナカタバミ(*Oxalis bowiei*)やオキザリス・クラブラ(*Oxalis glabra*)などがあります。

2 カタバミ　3 同属のイモカタバミ　4 同属のオッタチカタバミ

シロツメクサ

マメ科　*Trifolium repens*

クローバーと呼ぶ方が馴染みがある多年草で、明治時代以後に導入された外来種です。芝生の雑草としてよく見かけます。同じ属には、いずれも外来種のアカツメクサ(レッドクローバー、*T. pratense*)やベニバナツメクサ(クリムソンクローバー、*T. incarnatum*)、コメツブツメクサ（*T. dubium*）があります。アカツメクサは主要な牧草で、ベニバナツメクサは緑肥植物として栽培され、地面を這わず、立ち上がって30～50㎝程に大きく育ちます。コメツブツメクサは、小さな黄色い花を咲かせるシロツメクサを小型にしたような雑草です。ブルークローバーというシロツメクサと植物体がよく似ており、単一の大きな青い花を咲かせる鑑賞植物がありますが、これは属が違い、*Parochetus communis* です。

マメ科植物のほとんどは、根粒菌と共生して窒素固定をします。そのため、窒素分が乏しい痩せ地でもよく育ち、雑草としての適応力が高いです。肥沃なところでは、イネ科やキク科などの大型の雑草に負けますが、痩せ地ではこれらの雑草に負けません。緑肥用に使うのは、根粒菌による窒素固定で空気中の窒素をアンモニアなどに変換し、植物体内のタンパク質などの有機物に取り込み、土中にすき込まれることによって分解し、作物が利用できる窒素に変換できるからです。

シロツメクサは茎がランナーとして地面を這うので、株元からねじり鎌で土とともに掻き取れば除草できます。しかし、芝刈りのように地面スレスレに刈り取るだけでは、茎がいつまでも残ります。一度芝生に入り込んでしまうと、ランナーがシバのランナーと入り組んで、取り除くのがとても厄介になります。

別名：クローバー／英名：white clover／原産地：ヨーロッパ、中央アジア／増え方：多年草でランナーで広がるが、種子でよく増える／繁殖期：4～7月に開花し、種子ができる

1 シロツメクサ　2 同属のアカツメクサ（レッドクローバー）　3 同属のコメツブツメクサ

セイヨウタンポポ

キク科　*Taraxacum officinale*

タンポポは誰もが知る多年草ですが、よく目にするタンポポは、明治時代に日本に入ってきたセイヨウタンポポです。もともと日本にあったタンポポは、カントウタンポポ（*Taraxacum platycarpum*）、カンサイタンポポ（*T. japonicum*）、トウカイタンポポ（*T. longeappendiculatum*）、エゾタンポポ（*T. hondoense*）、シロバナタンポポ（*T. albidum*）などですが、セイヨウタンポポが広がった影響で数を減らしており、セイヨウタンポポは日本生態学会が定めた「日本の侵略的外来種ワースト100」に含まれています。セイヨウタンポポは、総苞（そうほう）（ガクのように見えますが、キク科で頭状花序なのでガクではなく、舌状花を包んでいる部分）の外側が反り返るので、反り返らない日本のタンポポと区別できます。西洋では、タンポポは食用とされていた植物です。しかし、苦味が強いので、若葉を食べるかアク抜きをします。日本のタンポポは苦味が弱いそうです。また、食用タンポポの品種があり、種子が販売されています。セイヨウタンポポは、アポミクシス（無配偶生殖）で種子繁殖します。これは、雌しべの卵細胞と花粉の精細胞が受精して種子を作る正常な有性生殖ではなく、胚珠内の体細胞が胚になって種子ができるものです。そのため、母親と全く同じ遺伝子型のクローンが種子で増えます。

セイヨウタンポポは芝生の雑草として多く見られます。芝刈りだけで草の管理をしているところでは適応力が高いです。低い位置で花を咲かせるので、頻繁に芝刈りされても種子を飛ばすことができます。セイヨウタンポポを減らすには、根元からねじり鎌で土とともに掻き取りますが、太い根からは芽が出るので、何度も掻き取る必要があり、厄介です。増やさないためには、花を咲かせないことが重要です。

英名：dandelion ／原産地：ヨーロッパ、北米／増え方：多年草で、種子で増える／繁殖期：1年中開花するが、4～6月によく開花し、種子ができる

1 セイヨウタンポポの開花株
2 セイヨウタンポポの開花前株

ハコベ

ナデシコ科　***Stellaria media***

市街地や野菜畑で私たちがよく目にしているハコベは、やや小型の外来種のコハコベ（*S. media*）です。これは世界的に雑草として広がっている一年草で、食用にされます。春の七草として日本で食用にされたハコベは、路傍の雑草として古くからあるミドリハコベ(*S. neglecta*)で、コハコベよりもやや大型の植物です。どちらもハコベと呼ばれます。コハコベの方が雑草としての特徴を多く備えていて、春から秋まで生育し、発芽して2カ月程のうちに花を咲かせて種子をつけます。ミドリハコベは、秋に発芽し、冬の寒さを感知して、春に花を咲かせます。コハコベは、細く柔らかい茎に無毛の葉をつけて地面を這い、2つに分かれた花弁が5枚の直径5㎜程度の白い花を咲かせます。地面を這うので草丈は低いですが、シバやシバザクラ、パンジーなどの植えてある植物に覆いかぶさって生育するので、注意しないとハコベに覆われた庭になります。同じ*Stellaria*属には、花弁がないイヌハコベ（*S. pallida*)、大型のウシハコベ(*S. aquatica*)、湿地を好むノミノフスマ(*S. alsine*)など、90種以上があるとされています。

ハコベは茎が細く柔らかいため、草取りをしようとすると茎が細いところで切れて、根元から抜き取るのは難しいです。そのため、完全に取り除くのは無理なので、上に出て目立つ茎葉をできるだけ指でつまんで取り除くしかありません。成長が早いので、草取りをして1週間もすると、また大きくなっています。雑草で得体の知れないやつだと思うと厄介者ですが、食べられる植物だと思うと、可愛げが出てきます。

別名：ハコベラ／英名：chickweed ／原産地：ヨーロッパ／増え方：一年草で、種子でよく増える／繁殖期：真冬以外はいつでも開花し、種子ができる

1ハコベ　2ハコベの幼苗　3シバザクラに覆いかぶさるハコベ

スズメノカタビラ

イネ科　*Poa annua*

名前は覚えにくいですが、春から秋までどこにでも普通に見られるイネ科の一年草あるいは越年草です。植物体は横に寝ますが、茎や根茎を伸ばして横に広がることはありません。草丈10㎝程度ですが、小さいと3㎝くらいで穂を出し、大きいと20㎝くらいになります。花はイネの穂を小さくしたような薄緑色の穂に多数つき、花粉を風で飛ばす風媒花(ふうばいか)です（イネ科の植物は全て風媒花です）。育つとすぐに穂を出して種子を落とすので、厄介な雑草ですが、あまり大きくならないので、場所によっては気になりません。*Poa* 属には60以上の種があり、その中に西洋シバや牧草として利用されるケンタッキーブルーグラス（*P. pratensis*　和名はナガハグサ）があり、これも雑草化しています。

指で引き抜けば簡単に抜けますが、根部が大きいので土をたくさん取ってしまいます。そのため、ねじり鎌やヘラで地際部直下を掻き取って除草します。双子葉植物を植えているところではすぐにわかりますが、芝生の中では見分けにくいです。シバと異なり、すぐに穂を出すのでわかります。穂を見つけたらすぐ抜くことですが、見慣れてくると、葉の幅や色、硬さでシバと区別できるようになります。

1 スズメノカタビラの開花株　2 スズメノカタビラの幼苗

英名：annual bluegrass, poa ／原産地：ヨーロッパ／増え方：一年草または越年草で、種子でよく増える／繁殖期：一年中開花し、種子ができる

スギナ

トクサ科　*Equisetum arvense*

スギナは緑色の棒状の葉を輪生した植物です。春にツクシ（胞子茎）を出すので誰もが知っている雑草で、根茎でよく増えます。これは種子植物ではなくシダで、花は咲きません。ツクシから胞子が出て、地上で胞子が発芽し、前葉体と言われる配偶体ができます。スギナの前葉体には雌雄があり、水があると雄の前葉体から精子が放出され、雌の前葉体の卵細胞と受精して、緑色のスギナができます。同じトクサ属には、トクサ（*E. hyemale*）があります。これは湿地に生える植物で、庭園の池に植えたりされます。ケイ酸が多く硬いので、煮て乾燥したものを紙やすりのように利用されました。

スギナは根茎が地中深く長く伸びるので、きれいに取り除くのは大変困難です。緑色部の光合成により大きくなるので、こまめに地上の緑色部を抜き取り、光合成させないようにするしかありません。我が家の庭は、初めのうちはスギナの群落でしたが、こまめに緑色部を抜き取った結果、10年もするとスギナの姿はほとんど見かけなくなりました。

別名：地獄草／英名：field horsetail, common horsetail／原産地：北半球の北極圏から温帯地域／増え方：多年草で根茎で広がるが、胞子でも増える／繁殖期：早春にツクシを出し、胞子ができる

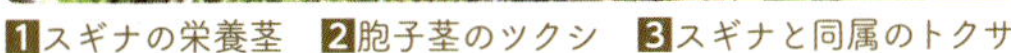

1スギナの栄養茎　2胞子茎のツクシ　3スギナと同属のトクサ

タネツケバナ類

アブラナ科　*Cardamine*

別名：シペキナ／英名：bittercress／原産地：ヨーロッパ（ミチタネツケバナ）／増え方：一年草または越年草で、種子でよく増える／繁殖期：春に開花し、種子ができる

ナズナ（➡64ページ）を小さくしたような植物で、春にナズナよりも小さな白い4弁の花を穂状につけます。小さく育ってすぐに細長い莢をつけ、タネ（種子）を落として繁殖する一年草または越年草です。タネツケバナの*Cardamine*属には、タネツケバナ（*C. scutata*）、ミチタネツケバナ（*C. hirsuta*）、タチタネツケバナ（*C. fallax*）、コタネツケバナ（*C. parviflora*）、ミヤマタネツケバナ（*C. nipponica*）、コンロンソウ（*C. leucantha*）など多数の種があります。タネツケバナとミチタネツケバナはよく似ていますが、タネツケバナは水田に多い雑草で、芝生によく生えるのは外来種のミチタネツケバナです。コンロンソウは葉の形や植物体の大きさが大分違うので、タネツケバナとははっきり区別できます。

ミチタネツケバナは発芽から花を咲かせるまでの期間が短く、すぐに莢をつけて種子ができます。日当たりの良い乾燥した痩せ地では、3㎝以下の小さな株で花をつけます。しかし、他の植物の隙間では15㎝以上に長く伸びて、他の植物の上に葉や花穂を出し、肥沃なところでは横に10㎝程度に大きく広がって多数の花穂を出し、多数の種子をつけます。このように、その場その場での適応能力が高い植物です。小さい時は指先でつまんで株元から抜きますが、土が硬い時はねじり鎌などで掻き取るとよいでしょう。大きな株であればわかりやすいですが、芝生で小さく育っていると見つけにくく、気づいた時には莢ができていて、抜こうとすると莢が裂けて種子が飛び散るので、なくすのが難しい雑草です。

1 ミチタネツケバナ　2 ミチタネツケバナの幼苗　3 ミチタネツケバナのロゼット株

オランダミミナグサ

ナデシコ科　*Cerastium glomeratum*

オランダミミナグサは、ハコベ(➡55ページ)によく似た外来の植物です。英名にあるchickweedは、ハコベを意味します。越年草で、2つに分かれた花弁が5枚のハコベに似た白い花を咲かせます。植物体の姿もハコベと似ていますが、オランダミミナグサは茎葉が毛に覆われているのに対し、ハコベには毛はなく少し艶があるように見えるので、はっきり区別がつきます。オランダミミナグサも中国などで食用とされていたようです。オランダミミナグサに似た植物として、ミミナグサ(*Cerastium holosteoides*)があります。これは昔から日本にあった畑の雑草で、外来種のオランダミミナグサに押されて減少しています。*Cerastium*属には、これら2種を含めて30以上の種があり、鑑賞用のタイリンミミナグサ(*C. grandiflorum*)もあります。

日当たりがよく乾燥したところでは小さく育ってすぐに花をつけ、日陰の湿ったところや他の植物の隙間では大きく育ちます。鑑賞用植物と見分けがつきにくいことがあり、花が出てくるまで除草をためらっているうちに、すぐに花を咲かせて種子を散らします。ハコベよりは茎がしっかりしており、草取りはしやすいです。他の植物の間で生えている時は、地上部を指先でつまんで取り、土が露出しているところでは確実に取るために、ねじり鎌やヘラで根元から掻き取るのがよいでしょう。

英名：mouse-ear chickweed／原産地：ヨーロッパ／増え方：越年草で、種子でよく増える／繁殖期：3～5月頃開花し、種子ができる

1オランダミミナグサの幼苗　2オランダミミナグサ

ドクダミ

ドクダミ科　*Houttuynia cordata*

よく知られた薬草であるドクダミは、根茎を伸ばして広がる多年草で、半日陰や多湿の環境を好みます。草丈10～30㎝程度で、無毛のハート形の葉を持ち、初夏に白い花を一斉に咲かせるので、それなりに美しい植物です。葉に白や赤の色が入る鑑賞用のドクダミ品種もあります。植物体を乾燥してドクダミ茶として利用されます。*Houttuynia*属には他に１種があるのみで、近縁の植物によく知られた雑草や鑑賞植物はありません。ドクダミは種子でも繁殖しますが、セイヨウタンポポ（➡54ページ）と同じようにアポミクシス（無配偶生殖）で増えるようです。ただ、文献が1930年と古いため、アポミクシスという用語は使われず、単性生殖と書かれています。

ドクダミが一旦広がると、それを除くのはまず無理です。指で引き抜こうとしても、根茎が途中で切れてしまい、取り除くのは困難です。ねじり鎌のようなもので根茎を取り除こうとしても、根茎が深いので、切れてしまいます。移植ゴテなどで丁寧に掘り起こせば除けますが、切れて地中に残りやすいので、完全に取り除くのは諦めて、こまめに地上部をねじり鎌で掻き取る方が効率的です。ドクダミを触ると、指に独特の臭いがつきます。ドクダミが広がっているところには、あまり他の雑草は生えないので、ドクダミを生やしておくのも１つの雑草対策になります。こういう臭いが強い植物は、鳥獣や害虫に嫌われるだけでなく、アレロパシー（他の植物の生育を抑制する作用）を示すものが多いようです。

別名：ドクダメ、ギョセイソウ、ジゴクソバ／英名：fish mint, fish leaf／原産地：東南アジア／増え方：多年草で、根茎でよく広がる／繁殖期：6～7月に開花するが、種子はあまりできない。根茎で広がるので、1年中繁殖する

1ドクダミの花　2ドクダミの芽生え　3鑑賞用のドクダミ

スミレ

1タチツボスミレ

スミレ科　*Viola*

スミレは雑草なのか鑑賞植物なのか、ちょうどその境目にある植物と言えるでしょう。スミレと呼ばれる植物には多数の種があり、いずれもスミレ属（*Viola*）に属します。多く見かけるのはタチツボスミレ（*V. grypoceras*）ですが、「スミレ」という和名を持つ種（*V. mandshurica*）もあります。ハート形や縦長の葉を地際部から伸びた葉柄につけ、春に紫色の1.5cm程度の花を咲かせる多年草です。白花の種や黄花の種もあります。花が咲いている期間は短く、ほとんどの期間、葉ばかりが茂ります。スミレが厄介な点は、繁殖力が高いことです。春に普通に開花して莢ができるだけでなく、夏には花が咲かずに莢ができて種子を飛び散らせます。これは、暑い時は花を咲かせず、蕾の中で自分の花粉で受粉（自家受粉）して種子をつけるもので、閉花受粉と言います。もっぱら種子で増えて、元の株は何年も同じところに残りますが、近縁のニオイスミレ（*Viola odorata*）はランナーで広がります。スミレ属には、鑑賞価値の高いものが多くあります。ニオイスミレやヒゴスミレ（*V. chaerophylloides var. sieboldiana*）、パンジー（*V.* × *wittrockiana*、➡153ページ）もスミレ属で、これらも雑草化します。スミレには食べられる種もありますが、毒がある種もあります。

ほとんどの種は種子で増えるので、花を咲かせなければよいのですが、スミレは閉花受粉をするので注意が必要です。花が咲くような大きな株にしないように、小さいうちに指先でつまんだり、ねじり鎌などで根元から掻き取ります。他の植物の隙間でも生えてくるので、掻き取ると植えている植物を傷つける時は、葉をこまめに摘み取って、光合成を防いで大きくしないようにします。

英名：violet／原産地：日本（タチツボスミレ）、中国、朝鮮、日本（スミレ）／増え方：多年草で、種子でよく増える／繁殖期：4～5月に開花し、夏は閉鎖花で種子ができる

2タチツボスミレの幼苗　3スミレ　4ナンザンスミレ　5ニオイスミレはランナーで広がる　6ヒゴスミレの種子

オオイヌノフグリ

1オオイヌノフグリの花

オオバコ科　*Veronica persica*

早春の陽だまりで径6㎜程度の小さな青い花を一面に咲かせる越年草で、花がきれいなので雑草として草取りしてしまうのは惜しくなるような外来植物です。植物体は草丈10㎝程度でマット状に横に広がります。似た植物に、同じく外来種のタチイヌノフグリ(*Veronica arvensis*)があり、こちらはオオイヌノフグリより後から出てきて、植物体は真っ直ぐ立ち上がり、3㎜程度の小さな花を咲かせます。どちらも、条件によっては草丈1㎝程度で花を咲かせます。*Veronica*属には極めて多数の種があり、環境省によって特定外来生物に指定されているオオカワヂシャ（*V. anagallis-aquatica*）も同じ属です。イヌノフグリ（*V. polita*）、ムシクサ（*V. peregrina*）、カワヂシャ（*V. undulata*）などの野草の他に、様々な鑑賞植物が*Veronica*属に含まれ、オオイヌノフグリの花を少し大きくしたような植物や、小さな花を穂状に多数つけるものがあります。

オオイヌノフグリもタチイヌノフグリも種子による繁殖力が高く、次々と発芽してきます。指で引き抜くだけで簡単に除草できますが、数が多いので草取りするのは大変です。オオイヌノフグリの幼苗はパンジー（➡153ページ）と似ていますが、オオイヌノフグリの葉は対生で、パンジーの葉は互生なのでわかります。

英名：birdeye speedwell, common field-speedwell ／原産地：ヨーロッパ／増え方：越年草で、種子でよく増える／繁殖期：3～4月に花が咲き、種子ができる

2オオイヌノフグリの芽生え　3同属のタチイヌノフグリ
4タチイヌノフグリの小さく咲いている個体の芽生え

ヒメオドリコソウ と ホトケノザ

シソ科　*Lamium purpureum*　／　シソ科　*Lamium amplexicaule*

ヒメオドリコソウは、10㎝程度の真っ直ぐ立った茎にハート形の毛が多い葉を対生につけます。春に葉の間に赤紫の小さな花をつけ、上部の葉は赤紫色になる越年草で、外来種です。同属の似た雑草にホトケノザがあります。ホトケノザはピンクの美しい花を咲かせるので、草取りして取り除くのは惜しいような植物です。２枚の葉が茎を取り囲んで段のようになっており、草姿も特徴的です。同じ属には20以上の種があり、オドリコソウ（*L. album*）もこれに含まれます。春の七草のホトケノザはこれとは違い、キク科のコオニタビラコ（*Lapsana apogonoides*）のことです。

ヒメオドリコソウもホトケノザも、春に大変よく見かける雑草です。特にヒメオドリコソウはどこでも見かけます。草取りは容易で、手で引き抜くだけで地上部はきれいに除けます。ホトケノザは葉も花もきれいなので、少し残しておくのもいいでしょう。

別名：サンガイグサ（ヒメオドリコソウ）／英名：red dead-nettle, common field-speedwell（ヒメオドリコソウ）、henbit dead-nettle（ホトケノザ）／原産地：ヨーロッパ（ヒメオドリコソウ）、日本を含むアジア、ヨーロッパ、北アフリカ（ホトケノザ）／増え方：越年草で、種子でよく増える／繁殖期：３～５月に開花し、種子ができる

1 ヒメオドリコソウ　2 ブロックの隙間に生えるヒメオドリコソウの幼苗　3 ホトケノザ　4 ホトケノザの幼苗

ナズナ

アブラナ科　*Capsella bursa-pastoris*

別名：ぺんぺん草、シャミセングサ／英名：shepherd's purse ／原産地：東ヨーロッパ／増え方：越年草で、種子でよく増える／繁殖期：4～5月に開花し、種子ができる

ナズナより、ぺんぺん草と呼ぶ方がわかりやすいかもしれません。莢の形が三角形で、三味線のバチに似ることから、そう呼ばれます。春の七草の１つで、かつては冬の野菜とされました。草丈20～40㎝程で、春に白い４弁の花をつけ、多数の莢がつく越年草です。*Capsella*属には20種以上含まれますが、ナズナの他によく知られている種はありません。

秋から早春までは根生葉（地際部から出てくる葉）だけでロゼット状態（茎が伸びず地面に張り付いた状態）で育ち、抜きにくいため、ねじり鎌やヘラを使って根元から掻き取ります。春になって、花が咲く頃には伸びた茎が硬くなっているので、手で抜きやすくなります。越年草なので、種子をつけさせなければなくすことができます。

1ナズナの花　2ナズナの莢

ニガナ と ジシバリ

キク科　*Ixeris dentata* ／ キク科　*Ixeris stolonifera*

ニガナは根生葉から茎を抱え込む数枚の薄く無毛の葉をつけた細い茎を50㎝程立ち上げて、1.5㎝程の黄色の花を数花つける多年草です。ジシバリはイワニガナとも呼ばれ、茎が地面を這い、1㎝程の小さく丸い葉を広げ、10～15㎝程の花茎を伸ばして直径2㎝程の黄色い花を多数咲かせます。道端などでよく見られる多年草です。水田のあぜでは、ジシバリより大きいオオジシバリ（*I. debilis*）がよく見られます。

ニガナもジシバリも花が咲いている時はきれいなので、放っておいてもよさそうですが、増えすぎると大変になるので、ねじり鎌などで土ごと掻き取ります。ニガナは立ち上がるので草取りしやすいですが、ジシバリはカタバミ（➡52ページ）やシロツメクサ（➡53ページ）と同じように地面に広がり、きれいに取り除くのは難しいです。

1 ニガナ（背後の葉はアジサイ）
2 ジシバリ

別名：イワニガナ（ジシバリ）／英名：toothed ixeridium（ニガナ）、creeping lettuce（ジシバリ）／原産地：どちらも日本を含む東アジア／増え方：どちらも多年草で、種子でよく増えるが、ジシバリは茎が横に広がる／繁殖期：5月に開花し、種子ができる

オオバコ

オオバコ科　*Plantago asiatica*

ヘラ型の10cm程の根生葉で地面に張り付いて育ち、硬い10 ～ 15cm程の花茎に目立たない花をつけます。踏まれるのに強いので、道に多く見られる多年草です。しかし、最近は舗装道路が多くなってきたため、目にする機会が少なくなりました。一方、多く目にするようになったのは、葉が立っていて20cm程と長く、花茎も50cm程あるヘラオオバコ（*Plantago lanceolata*）です。これは江戸時代末期に渡来した外来種です。オオバコ属には80以上の種があり、どれも似たような植物ですが、海外には半透明の目立つ花をつける種もあるようです。

道の中など土が硬いところや砂利やアスファルトの隙間に生えていることが多いため、手で引き抜こうとしても難しいです。根元から掻き取るしかありませんが、ねじり鎌を使うと壊れるかもしれません。草取り用の鍬を使った方がよさそうです。

1オオバコ　2同属で大型のヘラオオバコ

別名：シャゼンソウ、カエルッパ、ゲーロッパ、オンバコ／英名：Chinese plantain ／原産地：日本を含む東アジア／増え方：多年草で、種子で増える／繁殖期：4～9月に開花し、種子ができる

ツユクサ

ツユクサ科　*Commelina communis*

ササ（➡90ページ）のような形の柔らかい葉をつけ、初夏から秋にかけて苞葉の間から径2㎝程の青い2弁の一日花をつける一年草で、単子葉植物です。東アジアから東南アジアにもともとあった植物で、今はアメリカでも雑草化しています。

似た植物であるムラサキツユクサ（*Tradescantia ohiensis*）は、別の属です。これはもともと北米から南米に分布した多年草ですが、今は日本でも雑草化しています。ツユクサは茎がしっかり立たず、地面についた節から発根して広がります。そのため、広がる前にねじり鎌などで根元から土ごと掻き取ることです。ムラサキツユクサは茎が立ち上がって30～60㎝程のイネのような株になるので、大きくなると抜いたり掻き取るのが難しくなります。

1ツユクサ　2ムラサキツユクサはツユクサに似ているが別属

別名：月草、蛍草、帽子花／英名：Asiatic dayflower／原産地：日本を含む東アジア／増え方：一年草で、種子で増える／繁殖期：6～9月に開花し、種子ができる

ノボロギク

キク科　***Senecio vulgaris***

シュンギクのような葉を持ち、花弁のような舌状花がなく、キクの花の芯の部分の筒状花しか持たない花を咲かせる一年草で、外来種です。春から秋までいつでも出てきて花を咲かせ、20～40㎝程の草丈になり、綿毛のような種子をつけます。葉はシュンギクに似ていますが、セネシオニンというアルカロイドを含み、人畜に肝臓障害をもたらす毒性を持ちます。*Senecio*属には40以上の種があり、黄色い舌状花を持つ種が多く、茎葉が白い毛で覆われているシロタエギク（*S. cineraria*）や、グリーンネックレスと呼ばれるミドリノスズ（*S. rowleyanus*）のような鑑賞植物があります。環境省によって特定外来生物に指定されているナルトサワギク（*S. madagascariensis*）も同じ属です。

花が咲くと短期間のうちに種子ができ、一株で多数の種子をつけ、繁殖力が高いので、最初の花を見ればすぐに株元から掻き取ることです。花が咲く前に指でつまんで抜いても、きれいに取れます。

別名：オキュウクサ、タイショウクサ／英名：groundsel／原産地：ヨーロッパ／増え方：一年草で、種子でよく増える／繁殖期：5～8月に開花し、種子ができる

1ノボロギク　2ノボロギクの幼苗
3セネシオの名で販売されている鑑賞植物

カラスノエンドウ

マメ科　*Vicia sativa*

草丈30㎝程で細い小葉を持つ葉をつけ、春に濃いピンクのマメ特有の形の花を多数咲かせる越年草です。多数の莢をつけ、小さなマメができます。このマメは食べられるようですが、小さすぎて集めるのが大変です。カラスノエンドウの正式な和名はヤハズエンドウですが、カラスノエンドウの方が広く使われています。道端や線路沿いなどによく見かける雑草で、コモンベッチと呼ばれる牧草でもあります。マメ科で窒素固定ができるので、痩せ地に強いです。似た雑草に、カラスノエンドウを小型にしたようなスズメノエンドウ（*Vicia hirsuta*）があり、これは葉が小さくて茎が細く、花は白色で小さいので目立ちません。同じ属には60種以上があり、その中にはソラマメ（*V. faba*）があります。

種子で増えるので、種子をつけさせないようにすれば減っていきます。花が咲く前に手で引き抜くだけでよいでしょう。

1 カラスノエンドウの花
2 カラスノエンドウの莢

別名：ヤハズエンドウ／英名：common vetch, garden vetch ／原産地：地中海沿岸／増え方：越年草で、種子でよく増える／繁殖期：3～6月に開花し、種子ができる

スベリヒユ

スベリヒユ科　*Portulaca oleracea*

ツルツルした肉厚の葉があり、地面を這う植物で、真夏に直径7㎜程度の黄色の花を咲かせる一年草です。高温乾燥条件に適応した植物で、サボテンやパイナップルと同様にCAM型光合成を行います。これは、暑い日中は気孔を閉じて蒸散を防ぎ、夜間に気孔を開いて光合成に必要な二酸化炭素を葉の細胞に取り込み、リンゴ酸にして細胞の液胞に貯め、日中にリンゴ酸から二酸化炭素を放出して光合成を行うものです。CAM型光合成を行う植物の葉は、早朝にはリンゴ酸を貯めているので、酸っぱい味がします。スベリヒユは食用となる植物で、山形県では「ひょう」と呼ばれる野菜として、茹でても生でも食べられます。早朝と夕方に収穫して、味比べをしてみると面白いかもしれません。

夏の花のマツバボタン（*Portulaca grandiflora*）は、スベリヒユと近縁の植物です。ハナスベリヒユはスベリヒユとマツバボタンの雑種とされ、植物体はスベリヒユに似て、花はマツバボタンに似た鑑賞植物ですが、これも食用になるようです。スベリヒユは放っておくと、細かい種子をこぼしてよく増えます。柔らかい植物で、乾燥した硬い土に生えていることが多いので、手で引き抜くと茎が切れやすいです。除草するには、ねじり鎌で土ごと掻き取るのがよいでしょう。

1スベリヒユ　2鑑賞植物のハナスベリヒユ

別名：ひょう／英名：common purslane／原産地：北アフリカ、ヨーロッパから東南アジア／増え方：一年草で、種子でよく増える／繁殖期：8～9月に開花し、種子ができる

ハハコグサ

キク科　***Gnaphalium affine***

柔らかい白い毛に覆われたやや肉厚の葉を持ち、草丈10～20㎝程で春に黄色の筒状花だけの美しい花をつける越年草です。ゴギョウとも呼ばれ、春の七草の1つです。若い茎葉が食用とされ、草餅の材料ともされます。同じ属には120以上の種があり、同属の雑草にチチコグサ（*G. japonicum*）やチチコグサモドキ（*Gamochaeta pensylvanicum*）がありますが、これらは花が茶色で美しくありません。

秋から出てきて冬は根生葉でロゼット状態で育ち、春に花茎を伸ばして開花します。花茎が伸びれば、手で簡単に引き抜けますが、ロゼットの時に根元から掻き取った方がよいでしょう。

別名：ごぎょう、おぎょう／英名：Jersey cudweed ／原産地：中国、東南アジア、インド／増え方：越年草で、種子でよく増える／繁殖期：4～6月に開花し、種子ができる

1 ハハコグサの花
2 ハハコグサの幼苗
3 同属のチチコグサモドキ

チドメグサ

ウコギ科　*Hydrocotyle sibthorpioides*

　地面を這う茎から葉柄を上に伸ばし、径1.5㎝程の丸い葉を水平に広げて、横に大きく広がる多年草です。緑色の小さな花の塊をつけ、種子でも増えます。草丈5㎝以下で、小さい植物のため大して気になりませんが、これが芝生の中では結構目立ちます。シバのランナーの下に茎を這わせるので、ねじり鎌で掻き取りますが、柔らかいので完全に取り除くのはほぼ無理です。芝刈り機で刈っても草丈が低いので残ります。なくしたければ、除草剤を使うしかありません。

英名：lawn marshpennywort／原産地：東南アジア／増え方：多年草で茎が地面を這って広がるが、種子でも増える／繁殖期：6～10月に開花し、種子ができる

1チドメグサ

ハキダメギク

キク科　*Galinsoga quadriradiata*

　春から夏にかけてシソ（➡165ページ）に似た形の葉を対生につけて育つ一年草で、明治時代に渡来した外来種です。シソと間違いやすいですが、シソのような香りがなく、茎の断面が丸いので区別がつきます。草丈は10～50㎝、花は直径5㎜程で、筒状花の部分が大きく、小さい白色の舌状花が周囲に1層あります。メキシコに起源を持つ植物で、食用となるようです。同属には10以上の種がありますが、ハキダメギクの他によく知られた種はありません。小さい時は指で容易に引き抜けますが、土を掘り返してしまうので、ねじり鎌で地際部直下を掻き取る方がよいでしょう。

英名：shaggy soldie, Peruvian daisy／原産地：北アメリカ／増え方：一年草で、種子でよく増える／繁殖期：6～11月に開花し、種子ができる

1ハキダメギク　2マリーゴールドの花壇を埋め尽くすハキダメギク

ツメクサ

ナデシコ科　*Sagina japonica*

1ツメクサの開花前植物体

細い葉を持ち、草丈数㎝で地面を這って育ちます。春から秋にかけて小さな白い5弁の花を咲かせて、種子で繁殖する一年草です。葉がシバザクラ（➡152ページ）に似ていますが、柔らかくて艶があり、丸く反るので区別がつきます。小さいので気づきにくい植物ですが、芝生の中では目立ちます。インターロッキングのブロックの隙間や、アスファルトの隙間などによく生えます。

柔らかい土に生えている時は指で簡単に引き抜けますが、地上部に対して根部が意外に大きいので、引き抜くと土をたくさん掘り返してしまいます。ブロックや石などの硬いものの隙間に生えると引き抜くのは困難で、ねじり鎌などで掻き取るしかありません。あまり邪魔にならないので、気にならないなら放っておいてもいいような植物です。

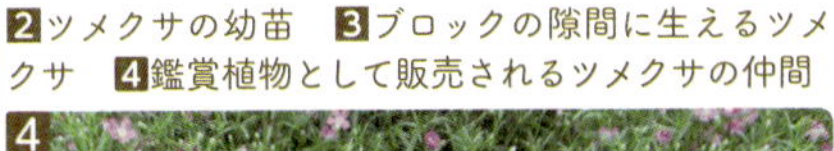

英名：Japanese pearlwort ／原産地：日本を含む東アジア／増え方：一年草で、種子でよく増える／繁殖期：4～7月に開花し、種子ができる

2ツメクサの幼苗　3ブロックの隙間に生えるツメクサ　4鑑賞植物として販売されるツメクサの仲間

カラスビシャク

サトイモ科　*Pinellia ternata*

地面から長い葉柄を伸ばして葉が１枚出て、地下３～６㎝程のところに球根をつけます。また､地際部に小さなムカゴをつけます。小さい時は縦長のハート形の葉で、その後３枚の葉を出すようになり、さらにカラーの花を縦長にしたような緑色の花をつけます。多年草で、球根やムカゴを残して繁殖力が高く、大小様々な葉が出てきます。東アジア原産で、球根は半夏と呼ばれる生薬です。

葉柄を持って引き抜けば簡単に抜けますが、地中に球根が残るので、また出てきます。細い金属のヘラなどで球根を掘り起こす必要があります。しかし､場所によっては掘り起こしにくく、手間がかかるので、根気よく葉だけ抜いて、光合成させないようにするのが容易な対策です。

別名:ハンゲ／英名:crow-dipper ／原産地:日本を含む東アジア／増え方:多年草で球根が地中に残り、地際部にムカゴができて増える／繁殖期:5～8月に開花し、種子ができることがある

1カラスビシャクの芽生え　2地際部につける小さなムカゴ　3カラスビシャクの花

トキワハゼ と ムラサキサギゴケ

サギゴケ科　*Mazus pumilus*／サギゴケ科　*Mazus miquelii*

トキワハゼは2～4㎝程の根生葉を広げてロゼット状に育ち、草丈5～10㎝程で左右対称の長さ1㎝、幅7㎜程の薄紫のきれいな花を咲かせます。トキワハゼはムラサキサギゴケと大変よく似ていますが、トキワハゼは一年草で、ムラサキサギゴケは多年草です。ムラサキサギゴケは、トキワハゼよりやや大型で、横に茎を伸ばして広がります。

どちらも春から秋までよく生える雑草ですが、頑張ってきれいに抜くほどの雑草ではありません。放っておいてもあまり大きくならず、海外ではグランドカバーとして栽培もされているようです。あまりに増えすぎて気になるなら、ねじり鎌などで根元から掻き取るとよいでしょう。

別名：ナツハゼ（トキワハゼ）、サギゴケ（ムラサキサギゴケ）／英名：Japanese mazus（トキワハゼ）、Miquel's mazus（ムラサキサギゴケ）／原産地：どちらも日本を含む東アジア／増え方：トキワハゼは一年草で種子でよく増える。ムラサキサギゴケは多年草で地面を這って横に広がるが、種子でも増える／繁殖期：3～11月に花が咲き、種子ができる

1ムラサキサギゴケ

2トキワハゼの幼苗

3鑑賞用に市販される白花株

ナガミヒナゲシ

ケシ科　*Papaver dubium*

アイスランドポッピー（*Papaver nudicaule*、➡151ページ）と似た植物で、根生葉で育ち、地際部から1本ずつ花柄を30～40㎝伸ばして赤茶色の花を咲かせます。それなりにきれいな一年草または越年草です。果実が縦に細長いので、この名がついたのでしょう。細かい種子を多数つけ、よく増えます。他の植物の生育を抑えるアレロパシーがあると言われています。同じ属には、アヘンを作るケシ（*Papaver somniferum*）や、鑑賞用のヒナゲシ（*Papaver rhoeas*）、アイスランドポッピーなど70以上の種があります。ヒマラヤなどにある青いケシは属が異なり、*Meconopsis*属です。それなりの花が咲くので、つい残ししてしまいがちですが、生えてきたらすぐに手で引き抜いて取った方がよさそうです。

1 ナガミヒナゲシ

英名：long-headed poppy／原産地：地中海沿岸／増え方：一年草または越年草で、種子でよく増える／繁殖期：4～5月に開花し、種子が多数できる

ブタナ

キク科　*Hypochaeris radicata*

根生葉から5月頃に40～50㎝程の葉をつけない長い茎を立ち上げ、枝分かれしてタンポポに似た黄色の花を数花つける外来種の越年草です。最近増えてきた雑草で、道路脇などによく見られ、群生すると美しい植物です。植物体全体が食用となるようで、タンポポよりも苦味が少ないようです。根生葉で根が太いので、タンポポと同じように、ねじり鎌で掻き取るとよいでしょう。

別名：タンポポモドキ／英名：catsear, flatweed, false dandelion／原産地：ヨーロッパ／増え方：越年草で、種子でよく増える／繁殖期：6～9月に開花し、種子が多数できる

1 ブタナ

クサノオウ

ケシ科　***Chelidonium majus***

草丈40～50㎝程で、春に径2㎝程の4弁の黄色の花を多数咲かせる越年草です。葉や茎の切り口からは黄色い液体が出て、それにはケリドニンやサンギナリンなど多種のアルカロイドが含まれ有毒ですが、古くから薬草として利用されてきました。この属にはこの種があるだけですが、ヤマブキソウ（➡162ページ）と近縁であることが知られています。クサノオウを抜く時は、かぶれることがあるようなので、切り口から出る黄色い液体に素手で触れないようにした方が安全です。ゴム手袋をして、ねじり鎌で根元から掻き取るのがよいでしょう。

英名：greater celandine, nipplewort ／原産地：ヨーロッパ、西アジア／増え方：越年草で、種子で増える／繁殖期：5～7月に開花し、種子が多数できる

1クサノオウ

イヌタデ

タデ科　***Persicaria longiseta***

桃色の小さな花を穂状につける一年草で、草丈30～50㎝程です。小さく咲けば鑑賞用にもなる植物ですが、場所によっては大きくなります。葉に辛みがあるので食用とされたヤナギタデ（*P. hydropiper*）は同じ属です。同じ属には、農業用の水路によく生えているミゾソバ（*P. thunbergii*）や、鑑賞用に栽培されるオオケタデ（*P. orientalis* または *P. pilosa*）やヒメツルソバ（*P. capitata*）など、80種以上があります。イヌタデは手で引き抜くのは容易です。種子を残さなければ問題ありません。

別名：アカノマンマ／英名：Oriental lady's thumb, bristly lady's thumb ／原産地：日本を含むアジア／増え方：一年草で、種子で増える／繁殖期：4～11月に開花し、種子ができる

1イヌタデ　2イヌタデの花

コナスビ

サクラソウ科　*Lysimachia japonica*

ナスビの名がついていますが、ナスとは無関係で、サクラソウ科です。ナスのような（あまり似ているとは思えないが）実をつけることから、このような名前になっています。草丈が低く横に這い、オランダミミナグサ(➡59ページ)のような草姿をしています。径6㎜程の黄色い5弁の花を咲かせ、小さな丸い果実をつけます。日陰や湿ったところでよく見られる多年草です。同じ属の植物にオカトラノオ（*L. clethroides*）があります。鑑賞用の植物もいろいろあり、リシマキアという名前で販売されています。

コナスビはあまり大きくならないし、大して害のない植物です。指で引き抜くのも容易です。

英名：Japanese yellow loosestrife／原産地：日本を含むアジア／増え方：多年草で、種子で増える／繁殖期：5～10月に開花し、種子ができる

1コナスビ　2コナスビの幼苗　3コナスビの実　4鑑賞用のリシマキア

庭の雑草(小型雑草)

ゼニゴケ

英名:common liverwort, umbrella liverwort /原産地:世界中/増え方:多年草で、胞子で増える/繁殖期:冬以外

ゼニゴケ科　*Marchantia polymorpha*

コケは蘚類(せんるい)と苔類(たいるい)に大きく分かれ、スギゴケなど日本庭園に好んで使われる美しいコケは蘚類です。苔類は地面に張り付いて板状に広がり、傘のような胞子体をつける、あまり美しくない方のコケです。ゼニゴケは苔類の一種で、家の北側の日陰や通り道の湿ったところなどにもよく生えます。蘚類が生えて欲しいところにゼニゴケが生えると見栄えが悪いので、取り除かなければなりません。ゼニゴケは、ねじり鎌などで土ごと掻き取ります。

1ゼニゴケ(苔類)の葉状体　2ゼニゴケの胞子体　3スギゴケ(蘚類)の茎葉体

イヌガラシ

アブラナ科　*Rorippa indica*

小さい黄色の花を春に咲かせる、アブラナ(*Brassica rapa*)を小さくしたような多年草です。茎葉はやや赤みがかります。花茎があまり真っ直ぐ立たず、草丈20～40cm程です。莢は細長く、アブラナの莢を小さくしたような形です。花茎が伸びてくれば容易に引き抜けますが、ねじり鎌などで根元から掻き取った方が土を掘り返さないのでよいでしょう。

英名:diverse-leaf yellowcress /原産地:日本を含む東アジア/増え方:多年草で、種子で増える/繁殖期:4～9月に開花し、種子ができる

1イヌガラシの開花始め株　2イヌガラシの結実株

エノコログサ

イネ科　***Setaria viridis***

夏に道路脇や空き地などで最もよく見かける植物で、夏から秋にかけて毛虫や猫じゃらしのような穂をつけるイネ科の一年草です。メヒシバ（➡81ページ）とともに初夏からよく生える雑草で、同じように茎が地面を這いますが、メヒシバよりも植物体がよく立って、葉が硬いです。同じ属にアワ（*Setaria italica*）があります。エノコログサはアワの原種と考えられており、これ自身も食用となるようです。アワとエノコログサを両方植えておくと0.002～0.6％の率で交雑が起こったという報告があり、両者の雑種はオオエノコログサと呼ばれます。同じ属には100種以上あり、アキノエノコログサ（*S. faberi*）やキンエノコロ（*S. glauca*）はエノコログサとよく似ています。アキノエノコログサは、やや大型で穂先が垂れ下がる特徴があり、キンエノコロは芒（ぼう）（小花から出る毛）が金色です。

エノコログサは、手で引き抜くだけで割合容易に除草できます。茎葉が立っていて硬いので、抜きやすいです。大きくなると、手で抜くと土を大きく掘り上げるので、草取り用の鍬を使って根元から掻き取りますが、軽くて鋭いものを使わないと結構疲れます。一年草なので、花を咲かせないようにすれば確実に減ります。

別名：ネコジャラシ／英名：green foxtail, wild foxtail millet ／原産地：世界の温帯地域／増え方：一年草で、種子でよく増える／繁殖期：6～10月に開花し、多数の種子ができる

1エノコログサ　2エノコログサの雑種、オオエノコログサ

メヒシバ

イネ科　***Digitaria ciliaris***

野菜畑の畝間や公園などで初夏によく出てくる一年草です。茎を横に伸ばして地面についた節から根を出し、放っておくとどんどん横に広がります。花は夏にススキ（➡112ページ）を小さくしたような穂を50㎝程に立ち上がった茎から出し、すぐに種子をばらまきます。よく似た植物にオヒシバ（➡100ページ）がありますが、オヒシバより茎葉が細くしなやかで、穂も細いです。オヒシバとは属が違い、同じ属には30以上の種がありますが、他に日本人にあまり知られた植物はありません。しかし、アフリカにフォニオという作物があり、これはメヒシバと同じ属（*Digitaria exilis*）です。55万ha以上（日本のイネの作付け面積は約145万ha）栽培され、58万t以上の穀粒の収穫（日本の米は780万t）があり、それから粥やクスクス、パンなどが作られます。

野菜を栽培すると、メヒシバの草取りに追われます。小さいうちは葉が地面に張り付いて伸び、分げつ（脇芽）は別方向に張り付いて伸びます。手では抜きにくいですが、ねじり鎌などで掻き取れます。大きくなれば、草取り用の鍬を使って根元から掻き取りますが、小さいうちに取ればずっと楽です。

英名：southern crabgrass, tropical finger-grass／原産地：アジア／増え方：一年草で、種子でよく増える／繁殖期：7～10月に開花し、多数の種子ができる

1 メヒシバの穂
2 メヒシバ

ヒメジョオン と ハルジオン

キク科　*Erigeron annuus* ／ キク科　*Erigeron philadelphicus*

草丈0.5～1.5m程で、直径1.5㎝程度の白い一重の菊のような花を多数咲かせる、最もよく見るキク科の雑草です。ヒメジョオンに似た植物にハルジオンがありますが、ハルジオンは5月頃に開花し、ヒメジョオンはその後から夏まで開花します。ハルジオンは白花の他にピンクの花もあり、花茎が中空で柔らかく、蕾がよく垂れ下がりますが、ヒメジョオンの花茎には白い髄が詰まっていて蕾があまり垂れ下がりません。ハルジオンは花茎につく葉が茎を抱いて（取り巻いて）いますが、ヒメジョオンは細い葉がつくので区別できます。どちらも鑑賞用に明治時代以後に日本に導入されて雑草化した外来種で、日本生態学会が定めた「日本の侵略的外来種ワースト100」に含まれます。この属には260種程あり、多くは北米の植物ですが、日本にはアズマギク（*Erigeron thunbergii*）があります。多くの種が鑑賞用に栽培されています。

ヒメジョオンは越年草、ハルジオンは多年草ですが、ヒメジョオンも根茎から再生するようです。秋から春にかけてはロゼット状で生育し、暖かくなってから花茎を伸ばして花をつけます。ロゼット状の時に手で抜くと地際部が残ってしまうので、ねじり鎌などを使って地下部から掻き取った方がよいでしょう。花茎が伸び出せば手で引き抜くか、草取り用の鍬などで掻き取ります。

別名：柳葉姫菊、鉄道草（ヒメジョオン）、貧乏草（ハルジオン）／英名：annual fleabane, daisy fleabane（ヒメジョオン）、Philadelphia fleabane, common fleabane（ハルジオン）／原産地：北米／増え方：ヒメジョオンは越年草、ハルジオンは多年草で、どちらも種子でよく増える／繁殖期：ヒメジョオンは6～8月、ハルジオンは5～6月に開花し、多数の種子ができる

1ヒメジョオン　2ハルジオン　3ハルジオンの幼苗　4ハルジオンは花茎につく葉が茎を抱く　5ヒメジョオンは花茎に細い葉柄がつく

ヨモギ

キク科　*Artemisia indica*

特有の香りがあり、よもぎ餅で馴染みがあります。薬用や入浴剤、もぐさの原料にも使われ、古くから人間に利用されてきた植物です。秋には1m程に伸び、細かい花を多数つけて多くの花粉を飛ばす風媒花で、オオブタクサ（➡113ページ）とともに秋の花粉アレルギーの主たる原因となります。秋に花をつけた茎は冬に枯れ、株元に根茎が残り、春に根茎からキクのような新芽が出てきます。暖地では、小さな芽を出した状態で冬を越します。繁殖力が強く、アレロパシーの作用を持つので、空き地などで他の植物を抑えてよく広がります。独特の香りと苦味は草食動物に食べられるのを防ぐので、野草として競争力があります。同じ属には200～400の種があり、多くの薬草やハーブが含まれます。クソニンジン（*A. annua*）は中国から薬用植物として渡来し雑草化していますが、マラリアに効果があり、その主要成分が2015年にノーベル賞を受賞した中国の研究者により発見されたアルテミシンです。タラゴン（*A. dracunculus*）は、料理の香りづけに用いられるハーブです。

根茎を残さないように、少し深めに土を掻き取って取り除きます。株が大きくなると、ねじり鎌で取るのは難しいので、草取り用の鍬を使った方がよいでしょう。

別名：餅草、サシモグサ、モグサなど多数／英名：Japanese mugwort, Korean wormwood／原産地：アジア／増え方：多年草で根茎で広がるが、種子でも増える／繁殖期：9～10月に開花し、種子ができる

1 ヨモギの茎葉　2 ヨモギの芽生え　3 ヨモギの花

ハルノノゲシ と オニノゲシ

キク科　*Sonchus oleraceus* ／ キク科　*Sonchus asper*

ノゲシという名前ですが、ケシの仲間ではなく、キク科です。ハルノノゲシはやや艶のある葉をつけて、秋から早春まではロゼット状に育ちます。春に茎を伸ばして草丈60～120㎝程になり、タンポポを小さくしたような黄色い花を多数つける越年草です。よく似た植物にオニノゲシがあります。オニノゲシは、草姿や生育時期、花はハルノノゲシによく似ていますが、葉がトゲだらけで光沢があり、区別できます。しかし、ハルノノゲシとオニノゲシの間では雑種ができるようで、両者の区別を難しくしています。*Sonchus* 属には100以上の種がありますが、これら２種の他には日本でよく知られているものはありません。

ロゼット状の時に、ねじり鎌で根元から掻き取るのがよいでしょう。花茎が伸び出すと植物体が大きくなるので、草取り用の鍬などで掻き取ります。特にオニノゲシはトゲトゲして扱いにくいです。

別名：ノゲシ、ケシアザミ（ハルノノゲシ）／英名：common sowthistle, sow thistle（ハルノノゲシ）、prickly sow-thistle, rough milk thistle（オニノゲシ）／原産地：どちらもヨーロッパ／増え方：どちらも越年草で、種子でよく増える／繁殖期：４～７月に開花し、種子が多数できる

1 ハルノノゲシの開花株
2 ハルノノゲシのロゼット状株
3 オニノゲシの開花株
4 オニノゲシのロゼット状株
5 オニノゲシの結実株

スイバ と ギシギシ

タデ科　*Rumex acetosa*　／ タデ科　*Rumex japonicus*

スイバは赤みがかった10～30㎝程の大型の根生葉を持ち、5月頃に花茎を伸ばして50～100㎝程の高さで花を咲かせます。スイバは日本だけでなくヨーロッパでも食用とされてきた植物で、葉がホウレンソウと同じように料理に使われます。酸味はシュウ酸によるもので、摂りすぎると害があります。同じ属にギシギシがあり、どちらも似たところに生育し、草姿もよく似ていて区別しにくいですが、ギシギシの方がやや大型で、葉が波打ち、硬そうな感じです。スイバの花茎につく葉は花茎を抱いているのに対し、ギシギシは花茎に葉柄がつき、葉が茎を囲っていません。どちらも多年草です。スイバには雌株と雄株があり、性染色体があることが日本人により発見されました。スイバをより小型で繊細にしたようなヒメスイバ（*Rumex acetosella*）もあり、*Rumex*属には約200の種があります。

スイバとギシギシは、種子で広がるとともに根茎で残るので、根元から取り除いてもまた出てきます。草取り用の鍬で掻き取るか、シャベルで掘り取るなどしてこまめに取り除き、光合成させないようにすることが重要です。

別名：スカンポ（スイバ）／英名：sorrel, common sorrel（スイバ）、Japanese dock（ギシギシ）／原産地：ヨーロッパ、中東、中央アジア（スイバ）、日本、朝鮮半島（ギシギシ）／増え方：どちらも多年草で、株が長く残るが横には広がらず、種子で増える／繁殖期：スイバは5～8月、ギシギシは6～8月に開花し、種子ができる

1スイバの開花株　2ギシギシの開花株　3スイバのロゼット状株　4ギシギシのロゼット状株

カモガヤ

イネ科　*Dactylis glomerata*

別名：オーチャードグラス、絹糸草／英名：orchard glass, cock's-foot glass, cat glass／原産地：中央アジア／増え方：多年草で、種子でよく増える／繁殖期：5～7月に開花し、種子を落とす

道路脇などによく見られる植物で、細めの葉を直立させ、5月頃に草丈1～1.2m程で穂を出します。開花時に葯を外に出し、花粉を飛ばすイネ科の多年草です。オーチャードグラスと呼ばれる牧草として明治維新の頃に海外から導入された外来植物で、飼料として優れているためよく利用され、それが雑草として広がりました。花粉を多く飛ばすので、初夏の花粉アレルギーの原因となる一番の植物です。日本生態学会が定めた「日本の侵略的外来種ワースト100」に含まれます。同じ属には他に1種があるのみです。

種子繁殖とともに、根茎による栄養繁殖も行います。あまり大きくならないうちに、草取り用の鍬などで根元から掻き取るか、鎌や草刈り機で地上部を数cm残して刈り取るとよいでしょう。花を咲かせる頃になると、大きくなりすぎて扱いにくくなります。

1カモガヤの開花前株　2カモガヤの開花株

オオキンケイギク

キク科 ***Coreopsis lanceolata***

草丈80㎝程で６月頃に鮮やかな黄色の花を多数つける多年草です。十分鑑賞用になりますが、環境省によって特定外来生物に指定され、駆除が求められています。「日本の侵略的外来種ワースト100」にも含まれます。もともと鑑賞用に栽培されていた植物が逃げ出したもので、繁殖力が高いため各地で雑草化していますが、今も普通に庭で栽培されていることがあります。同じ属に、ハルシャギク（*Coreopsis tinctoria*）やコレオプシスの名で市販されている鑑賞用の植物があります。

道路脇の雑草は人が意識して除くことができますが、庭や空き地に生えているものは所有者の承諾なしに除草できないので、難しい問題です。特定外来生物に指定されているため、生きたままの植物を他の場所に移すことは禁止されており、よく枯らしてから運びますが、種子ができてからでは遅いです。草取り用の鍬などで掻き取るか、鎌で刈り取った植物体はその場に残して、他の場所に移さないように注意しましょう。

1 オオキンケイギクの花
2 オオキンケイギクの幼苗
3 団地の空き地で雑草化するオオキンケイギク

英名：Lance-leaved coreopsis／原産地：北米／増え方：多年草で、種子でよく増える／繁殖期：５～7月に開花し、種子ができる

イヌビエ

イネ科　*Echinochloa crus-galli*

　水田によく生える一年草で、穂が出るまでイネと区別がつきにくいことから、厄介者の雑草です。葉耳や葉舌（葉身と葉鞘（ようしょう）の境目の糸状や膜状のもの）がないので、丁寧に見ればイネと区別できますが、手作業で確認しながら抜かなければなりません。最近は、イネの穂の上にイヌビエが多数穂を出している水田が多くなってきています。ヒエ（*Echinochloa esculenta*）はイヌビエから栽培化されたものとされています。ヒエの英名はJapanese millet（milletは小粒の穀物）で日本やアジアに多く、低温に強いことから、かつてはイネが栽培しにくい東北北部などの地域でイネの代わりに栽培されました。

　草取り用の鍬で掻き取るか、鎌や草刈り機で地上部を数㎝残して刈り取ります。種子を落とさせないようにすればよく、水田では花が咲く前に抜き取ります。手で抜くのが無理なほど種子が増えてしまえば、イヌビエに効果がある水田用の除草剤が多種類市販されているので、それらを使用適期に散布することです。

別名：ノビエ、クサビエ／英名：cockspur, barnyard millet, Japanese millet ／ 原産地：熱帯アジア／増え方：一年草で、種子でよく増える／繁殖期：8月に花が咲き、種子を多数落とす

1 イヌビエの出穂直後の穂
2 イネの上に大きく伸びたイヌビエの穂

カラシナ

1 カラシナ

アブラナ科　*Brassica juncea*

河川敷などに雑草化して、春に黄色く彩る菜の花はアブラナ（*Brassica rapa*）ではなく、カラシナです。カラシナは日本では葉を食べる野菜として利用され、熊本のタカナ（高菜）などがそのうちの1品種ですが、種子から和カラシを取る原料にもなります。インドでは種子から食用油を取るために栽培され、中国のザーサイ（搾菜）はカラシナの根が太る品種から作ります。このように、根も葉も種子も人間に利用される重要な作物ですが、日本中で雑草化しています。

日本で菜の花として鑑賞用や搾油用に栽培されるのはセイヨウアブラナ（*Brassica napus* 作物名はセイヨウナタネ）であり、食用油の原料としてカナダから大量に輸入しています。ハクサイやカブ、コマツナ、ミズナなどの菜類（➡168ページ）はアブラナです。これら2種はカラシナとよく似ていますが、花茎につく葉は茎を抱くのに対し、カラシナの葉は葉柄があって花茎を抱きません。花茎が出る前でロゼット状に生育している時には、カラシナとアブラナはほとんど区別がつきません。セイヨウアブラナは葉にワックスがかかり、艶があります。これらの3種は似たような植物で、同じように栽培されますが、カラシナだけがよく雑草化しているのは、茎葉に辛味があり、鳥獣に好まれないためではないかと推測されます。同じ属には、キャベツやブロッコリー、カリフラワーを含む種（*B. oleracea*）もあります。キャベツを含む種は多年草ですが、カラシナやアブラナ、セイヨウアブラナは越年草です。

手で引き抜けば除草できます。根茎で広がることはなく、地中に残った太い根から芽が出てくるようなこともありません。花が咲いてから種子が熟すまでに時間がかかるので、花を見てから抜いても大丈夫です。しかし、野菜として葉を食べたり、種子を取ってカラシにしたりして利用する方が楽しいです。

別名：セイヨウカラシナ／英名：brown mustard, Chinese mustard, Indian mustard ／原産地：地中海沿岸／増え方：越年草で、種子でよく増える／繁殖期：4 ～ 5月に開花し、種子が多数できる

2 カラシナの花　3 雑草化するカラシナ

ササ

イネ科　*Sasa*

ササの属名は*Sasa*です。山野に多く生育し、庭や空き地の雑草にもなります。根茎で広がり、花はほとんど咲きません。ササには多くの変異があり、いくつかの種がありますが、花が咲かないため、分類に混乱があるようです。日本ではチマキザサ（*Sasa palmata*とされますが、*Sasa veitchii*の変種ともされます）は最も普通に見られるササで、山ではクマザサ（*Sasa veitchii*）がよく生えています。クマザサは大型のササで、草丈1m以上になります。

ササの葉柄や根茎は硬いので、手で引き抜くのは無理です。シャベルなどを使って根茎を掘り出して取り除くのは大変です。ハサミや草刈機で地上数㎝を残して刈り取り、光合成させないで消耗させるしかないでしょう。

1 日本で最も見られるチマキザサ
2 大型で草丈1m以上になるクマザサ

英名：sasa, broad-leaf bamboo／原産地：日本を含むアジア／増え方：多年草で、根茎でよく広がる／繁殖期：花はほとんど咲かず、種子で増えることはほとんどない

フキ

キク科　*Petasites japonicus*

　葉柄が食用となる野菜ですが、山野に生えるフキは、春先に若い蕾がフキノトウ（蕗のとう）として食べられます。地中の茎から葉柄を伸ばし、葉は円形で水平に広がります。雄株と雌株があり、花は筒状花のみで白く見え、種子はタンポポのように羽毛が生えて飛びます。根茎はペタシテニンと呼ばれる肝臓に毒性がある苦味の原因ともなるアルカロイドを多く含み、フキノトウもこれを多少含みます。葉柄が食用とされる品種は苦味が少ない種類で、三倍体で種子ができません。秋田など本州北部や北海道では大型のアキタブキが分布しますが、北海道のものは秋田のアキタブキより大きく、葉柄の長さが2m以上、葉は直径1m以上になります。動物が食べないので、雑草として増えやすいです。

　雑草のように生えてくるフキを除草するには、地下の茎から取り除くのは困難なので、鎌や刈払い機で地際部をこまめに刈り取り消耗させるか、除草剤の散布が有効です。

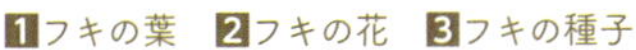

1フキの葉　2フキの花　3フキの種子

英名：butterbur, giant butterbur／原産地：日本を含むアジア／増え方：多年草で根茎でよく広がり、種子でも増える／繁殖期：フキノトウが伸長して4月頃に開花し、5月頃に種子を飛ばす

ワルナスビ

英名：Carolina horsenettle／原産地：北米／増え方：多年草で、根から芽が出てよく広がり、種子でも増える／繁殖期：8～9月に開花し、果実をつけて種子を落とす

ナス科　*Solanum carolinense*

ナスの仲間で、ナス、ジャガイモ、トマトと同じ*Solanum*属に属す多年草です。花は薄紫で、ジャガイモに似ています。大変やっかいな雑草で、茎葉にトゲが多数あり、アルカロイドを含んで有毒で、正に悪いナスビです。根から不定芽（本来芽が出るところではない組織の細胞から分化した芽）が出て増殖するので、冬には寒さで枯れますが、地中に残った根から芽が出てきます。土を耕して根を断片化すると、それぞれから芽が出て増えます。根は横に2m程広がり、地中深く1m程伸び、深いところの根も不定芽を出すので、北海道のような寒冷地にも分布します。

果実は黄色いミニトマトのようで、花は多数咲きますが、あまり実がなりません。これは、同じ個体の花粉が雌しべについた自家受粉では種子ができず、別の個体の花粉によって種子ができる自家不和合性という特性を持つからです。1つの個体の根から別々に出た不定芽は同じクローンであり、同じ個体と同等なので、その間での交配では種子ができません。別の種子に由来する個体間の交配で種子ができます。しかし、ワルナスビの自家不和合性は弱く、花が老化したり、1つの株で後の方で開花する花では、自分の花粉でも種子ができることが報告されています。

*Solanum*属は大きな属で、1,500～2,000の種を含みます。ジャガイモ（*S. tuberosum*）やトマト（*S. lycopersicum*）、ナス（*S. melongena*）の他にも、ペピーノ（*S. muricatum*）やタマリロ（*S. bataceum*）などの果実が食用となる種、紫の花が美しい鑑賞植物のナイトシェード（*S. dulcamara*などいくつかの種）などがあります。雑草では、イヌホウズキ（*S. nigrum*）やヒヨドリジョウゴ（*S. lyratum*）があります。イヌホウズキは、草丈20～50㎝で小さな白い花を咲かせ、ブルーベリーのような黒い実をつける植物です。ヒヨドリジョウゴはアサガオのようなつる性の植物で、赤い小さなトマトのような実をつけますが、どちらもソラニンを含み食べられません。

ワルナスビは、一旦地中に根が広がってしまうとそこから芽が出てくるので、手に負えません。芽が出たらこまめに鍬やねじり鎌で掻き取るしかありません。トゲが強いので、手で引き抜くのはやめた方がよいでしょう。できるだけ手で触らないよう注意してください。あちこちに出てくるので、モグラ叩きをしているようなものです。根が深く残るので、除草剤も効きにくいようです。光合

1 ワルナスビの花（写真提供／宇田川久美子氏）

成させず、粘り強く消耗させるのが有効でしょう。

イヌホウズキは一年草なので、種子をつけさせなければ大丈夫ですが、すぐに実をつけて落とすので、よく広がります。ヒヨドリジョウゴは多年草ですが、手に負えないというほどではありません。つるを取りのぞく時に、葉茎がベタつくのが嫌ですが。

2ワルナスビの幼苗　3同属のイヌホウズキ

カヤツリグサ

カヤツリグサ科　*Cyperus microiria*

硬い艶のある葉を伸ばし、断面が三角形の茎を30～50㎝ほど真っ直ぐ立てて、先端に放射状に緑色の花をつける一年草です。葉に葉鞘がないので、イネ科の植物とははっきり区別できます。同じ属には、古代のエジプトで紙の材料に使われたパピルス（*Cyperus papyrus*）があります。土が柔らかければ、ねじり鎌や草取り用の鍬で根元から掻き取るのがよいでしょう。土が硬い時や石が多い時は、花を咲かせないように地上数㎝で刈り取りますが、硬いので鎌などでは切りにくいです。

別名：マスクサ／英名：Asian flatsedge／原産地：アジア／増え方：一年草で、種子でよく増える／繁殖期：7～10月に開花し、種子を落とす

1カヤツリグサ

オニタビラコ

キク科　*Youngia japonica*

毛が多い厚めの根生葉から５月頃に毛の多い0.1～１m程の花茎を立ち上げ、直径５㎜程度の小さな黄色い花を多数咲かせるキク科の越年草です。適応力が高く、小さい植物は小さいなりに、良い環境条件では大きく育ち、それぞれ花を咲かせて、羽毛のある種子をつけて飛ばします。同じ属には30以上の種がありますが、他によく知られている植物はありません。春の七草の「ホトケノザ」は、実はコオニタビラコのことですが、これは*Lapsana apogonoides*であり別属です。

花茎がしっかりしているので、花茎が伸び出すと片手で簡単に抜けます。しかし、それまで待たず、ねじり鎌や草取り用の鍬で根元から掻き取った方がいいでしょう。

英名：Oriental false hawksbeard ／原産地：日本を含むアジア／増え方：越年草で、種子でよく増える／繁殖期：４～10月に開花し、種子を飛ばす

1オニタビラコの幼苗　2オニタビラコの大きな植物体　3オニタビラコの開花株

メマツヨイグサ

アカバナ科　***Oenothera biennis***

一般に月見草と呼ばれるマツヨイグサの仲間には多くの種類があります。いずれも同じ*Oenothera*属で、マツヨイグサ（*O. stricta*）、オオマツヨイグサ（*O. erythrosepala*）、コマツヨイグサ（*O. laciniata*）などが雑草として日本で広がっていますが、今はメマツヨイグサが多くなっているようです。越年草あるいは二年草で、1年目に茎を伸ばさずロゼット状で育ち、翌年に茎を1m以上伸ばして黄色の4弁の花を穂状につけ、夕方に開花します。草丈が50㎝以下で桃色の花を咲かせる鑑賞植物のヒルザキツキミソウ（*O. speciosa*）は、多年草です。*Oenothera*属には他に140程の種があります。

春にまだ伸び出す前に、ねじり鎌や草取り用の鍬で地際から掻き取るのがよいですが、土が硬い時は地面の近くで低く刈り取れば、ほとんど咲かなくなります。

別名：月見草／英名：common evening primrose／原産地：北米／増え方：越年草あるいは二年草で、種子でよく増える／繁殖期：7～9月に開花し、種子を落とす

1メマツヨイグサの幼苗　2メマツヨイグサの花
3メマツヨイグサの開花株

ワラビ

コバノイシカグマ科　*Pteridium aquilinum*

春の山菜として地上部の出てきたばかりの未展開葉を食用とする植物ですが、日陰や水分の多いところでは雑草としてよく増えるシダです。根茎を伸ばしてクローンで広がりますが、胞子でも繁殖します。根茎はわらび粉をとる原料になります。発がん物質のプタキロサイドを含みますが、アク抜きで除けます。同じように食用とされるシダであるゼンマイは*Osmunda japonica*で別の属です。

根茎で広がるので、きれいに取り除くのは難しいです。葉が出てきたら、ねじり鎌や草取り用の鍬でこまめに取り除くしかありません。また、葉の裏に胞子を作るので、葉を長く放置していると胞子ができて広がります。葉が出たら、早めに取り除くことが必要です。

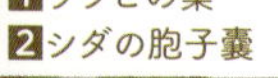

1 ワラビの葉
2 シダの胞子嚢

英名：common bracken, Eastern brakenfern／原産地：世界中の雨が多いところ／増え方：多年草で、胞子でよく増える／繁殖期：生育期間中はいつも葉裏に胞子嚢をつけて胞子を落とす

ノアザミ

キク科　***Cirsium japonicum***

葉の先端にトゲがあり、触ると痛そうな葉を持っています。冬から春は根生葉でロゼット状に育ち、5月頃になると花茎を伸ばして、初夏に赤紫の筒状花だけからなる花をつける、よく知られた多年草です。ノアザミは学名からもわかるように、日本を中心にアジアに分布する種です。同じ属には130以上の種があり、同じようにトゲの多い葉を持ちますが、食用となるアーティチョーク（*Cynara scolymus*）は別の属です。

トゲが多く扱いにくいので、手では抜けません。ねじり鎌や草刈り用の鍬で根元から掻き取るのがよいでしょう。土が硬い時は地上数㎝で刈り取ります。

1 ノアザミの花
2 アザミ属の幼植物

英名：Japanese thistle ／原産地：日本を含むアジア／増え方：多年草で、種子で増える／繁殖期：5～9月に開花し、種子を飛ばす

ヤエムグラ

アカネ科　*Galium spurium*

「やえむぐら茂れる宿の寂しきに　人こそ見えね秋は来にけり」と百人一首に出てくる「やえむぐら」は、本当はカナムグラ（➡120ページ）のことだそうで、だいぶ違います。このヤエムグラは、つる性ではなく、細い茎に8枚の細い葉を輪生につけ、茎に小さなトゲがあり、何かに引っかかって立ち上がる一年草です。小さな4弁の白い花をつけ、2㎜程の小さなトゲのある果実をつけて、衣服に付着します。同じ属には約650種があり、ヨツバムグラ（*G. trachyspermum*）は庭でよく見る小さな多年草です。ヨツバムグラには、ホソバノヨツバムグラ（*G. trifidum*）や、オオバノヨツバムグラ（*G. kamutschaticum*）、ヤマムグラ（*G. pogonanthum*）などの似た種があり、区別が難しいです。

葉のところが節になっていて、引き抜くと節で簡単に切れてしまいます。そのため、根元からきれいに取り除くのは難しいので、こまめに花をつけさせないように地上部を小さくし続けるのがよいでしょう。

英名：false cleavers／原産地：日本を含む東アジア／増え方：一年草で、種子でよく増える／繁殖期：5～6月に開花し、種子を落とす

1ヤエムグラ　2ヤエムグラの幼苗　3ヤエムグラの実　4同属のヨツバムグラ

アカザ（シロザ）

ヒユ科（以前はアカザ科） ***Chenopodium album***

アカザは、シロザと同じ種に属す一年草です。種小名の*album*は「白い」という意味で、シロザの方が世界的に広く分布し、アカザはその変種とされます。若い葉の表面に白い粉をふくのがシロザ、赤い粉をふくのがアカザです。どちらも葉は食用となります。乾燥したところでもよく生え、草丈1mほどになります。花は目立たない緑色で、花粉は風で飛ぶ風媒花です。同じ属には60以上の種があり、キノア（*C. quinoa*）はペルーやボリビアで穀物として栽培される作物で、乾燥に強いので、南米以外でも栽培が試みられているようです。

小さい時は手で引き抜くだけで簡単に除草できます。大きくなって、土を掘り返したくない時は、ねじり鎌や草取り用の鍬で根元から掻き取ります。

英名：lamb's quarters, melde, goosefoot, fat hen／原産地：アジアからヨーロッパ／増え方：一年草で、種子でよく増える／繁殖期：9～10月に開花し、種子を落とす

1アカザ
2シロザ　3シロザの花

オヒシバ

イネ科　*Eleusine indica*

別名：チカラグサ／英名：Indian goosegrass, yard-grass ／ 原産地：世界の熱帯から温帯／増え方：一年草で、種子でよく増える／繁殖期：8 ～ 10月に開花し、多数の種子ができる

メヒシバ(➡81ページ)と大変よく似た放射状の穂をつける一年草です。穂はメヒシバより太く、植物体もガッチリしていて、草丈40 ～ 60㎝程です。メヒシバのようにランナーを伸ばして横に広がることはありません。同じ属に、かつて日本でも各地で栽培されていたシコクビエ（*Eleusine coracana*）があります。この穀粒は、粉に挽いて団子などにして食べられましたが、現在はほとんど栽培されていないようです。乾燥に強く穀物として貯蔵性が高く、栄養成分が優れているため、東アフリカでは重要な穀物となっています。シコクビエの栽培において、オヒシバはよく似ているため深刻な雑草となっているようです。この属には、これら２種を含めて10種程ありますが、この２種以外にはよく知られた作物や雑草はありません。

オヒシバは、大きくなると抜くのは困難です。小さいうちにねじり鎌で根元から掻き取るか、大きくなってしまったら、花を咲かせないように草刈り用の鎌などで刈り取るのがよいでしょう。

1 オヒシバ

チカラシバ

イネ科　*Pennisetum alopecuroides*

英 名：Chinese pennisetum, Chinese fountaingrass ／原産地：アジア、オーストラリア／増え方：多年草で、種子で増える／繁殖期：8 ～ 10月に開花し、多数の種子ができる

秋に草丈50 ～ 70㎝程で、赤茶色の芒（ぼう）が長いブラシのような大きな穂をつける多年草です。硬い土のところにもよく生え、大きな株になり、手で引き抜くのは大変困難です。同じ属には80以上の種があり、アフリカの乾燥地で栽培されるトウジンビエ（*P. glaucum*）がそのうちの1つです。トウジンビエは雨の多い日本では栽培はほとんどなく、トウモロコシやソルガムが栽培できないサハラ砂漠の近くなどで栽培されています。

チカラシバは大きくなり、茎葉が硬いので、根茎も含めて根元から取ろうとすると草取り用の鍬でも難しく、シャベルで掘り取るしかありません。それも大変なので、こまめにハサミや刈払い機で地上部を少し残して刈り取るか、除草剤に頼るしかなさそうです。

1 チカラシバ

イタリアンライグラス

イネ科　*Lolium multiflorum*

別名：ネズミムギ／英名：Italian ryegrass／原産地：ヨーロッパ／増え方：越年草で、種子で増える／繁殖期：５～７月に開花し、種子を落とす

芒（ぼう）のない小さな小穂を２列につけた細い穂を５～６月に出し、草丈50～100㎝になります。和名はネズミムギで、明治時代以後に牧草として導入された外来種です。似た植物にペレニアルライグラス（*Lolium perenne*、和名はホソムギ）があります。ペレニアルライグラスは名前の通り多年草ですが、イタリアンライグラスは越年草です。どちらも牧草や芝草として栽培されますが、雑草化しています。ペレニアルライグラスはロンドンのウィンブルドンテニス場の芝草として使われているそうです。イタリアンライグラスとペレニアルライグラスの間ではよく雑種ができ、雑種から牧草や芝草用の品種が育成されており、ハイブリッドライグラスと呼ばれます。同じ属には10以上の種があります。

大きくなる前に草取り用の鍬など根元から掻き取ります。広がってしまえば、頻繁に鎌や草刈り機で低く刈り取って、芝草のように使うこともできます。

1 イタリアンライグラス

アメリカセンダングサ

キク科　*Bidens frondosa*

赤茶色の茎に３枚または５枚の小葉を持つ葉を対生でつけます。秋に草丈１～1.5mで黄色い筒状花だけの花を多数咲かせ、種子ができると衣服にくっつく“ひっつき虫”になる一年草です。それぞれの筒状花が上部に２本のトゲを持つ黒褐色で縦長の種子を１つずつならせます。個々の種子も２本のトゲで衣服によく付きます。

同じ属には、いずれもひっつき虫になる水田雑草のタウコギ（*B. tripartita*）や、少し小型のコセンダングサ（*B. pilosa*）があります。他に60以上の種があり、コスモス（➡150ページ）のような花を咲かせる種もあります。

発芽して開花するまでの期間が長く、一年草なので、成長しているところを見つけて引き抜くだけでよく、管理は容易です。

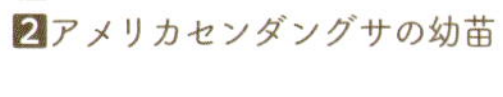

1 アメリカセンダングサの開花株
2 アメリカセンダングサの幼苗

別名：セイタカタウコギ／英名：devil's beggarticks, devil's-pitchfork／原産地：北米／増え方：一年草で、種子でよく増える／繁殖期：9～10月に開花し、種子を動物につける

アキノノゲシ

キク科　*Lactuca indica*

草丈1～1.5mで、秋にキクのような淡黄色の小さな花を多数咲かせる越年草あるいは二年草です。初期は茎が伸びず、レタス(*Lactuca sativa*)のような薄く無毛で薄緑の葉でロゼット状に育ち、夏に太い茎が真っ直ぐ伸び、秋に花をつけて、タンポポのような白い羽毛がある種子をつけます。葉は切れ込みがあるものとないものがあり、茎葉を切ると切り口から白い液が出ます。これはレタスと同じ属で、この属には70以上の種があります。

茎が伸びていない時に、草取り用の鍬などで根元から掻き取るのがよいですが、なかなか気づきにくいので、伸びてきたら手で引き抜けばよいでしょう。

1 アキノノゲシの開花株
2 アキノノゲシの開花前
3 アキノノゲシの結実

英名：Indian lettuce ／原産地：東南アジア／増え方：越年草あるいは二年草で、種子でよく増える／繁殖期：8～11月に開花し、種子を飛ばす

オニウシノケグサ

イネ科　*Festuca arundinacea*

細長い穂で、イタリアンライグラス（➡102ページ）と似ていますが、イタリアンライグラスのようなスッキリした形ではなく、小穂が多くの小花をもつ複雑な形です。草丈1.2m程になり、根茎やランナーは伸ばさず、分げつ（脇芽）で大きくなる多年草で、種子で繁殖します。別名トールフェスクと言う名の牧草で、20世紀になって海外から導入され、雑草化した外来種です。芝草としても利用され、ホワイトハウスの南側の庭はトールフェスクとのことです。同属のクリーピングレッドフェスク（*F. rubra*）も芝草としてよく利用されます。

学名は混乱しています。最初は*Festuca arundinacea*と名付けられ、その後、*Schedonorus arundinaceus*とされ、さらにDNA分析の結果、イタリアンライグラスと同じ*Lolium*属に入れるのがよいとされ、*Lolium arundinaceum*と名付けられました。オニウシノケグサは、エンドファイトと呼ばれる内生菌との共生で、昆虫や哺乳類による食害に強くなり、乾燥や病害にも強くなることがわかっています。このエンドファイトは種子を通じて次世代に伝わり、エンドファイトとの共生によってアルカロイドが増えるようです。また、日本生態学会が定めた「日本の侵略的外来種ワースト100」にも含まれています。

イタリアンライグラスと同じように、大きくなる前に草取り用の鍬などで根元から掻き取るか、鎌や草刈り機で低く刈り取って管理すればよいでしょう。

別名：トールフェスク／英名：tall fescue ／原産地：ヨーロッパ／増え方：多年草で、種子で増える／繁殖期：7～10月に花が咲き、種子を落とす

1 オニウシノケグサ

マメグンバイナズナ

アブラナ科　*Lepidium virginicum*

ナズナ(➡64ページ)に似た越年草で、同じように小さな白い花を咲かせ、多数の莢をつけますが、こちらは莢が三角形ではなく、平たく丸い形をしています。草丈はナズナより大きく、30㎝～1ｍ程になります。同じ属には70以上の種があり、ガーデンクレス(*L. sativum*)はその1つです。クレスはオランダガラシ（*Nasturtium officinale*)とも言い、同じアブラナ科ですが、別の属です。手で引き抜くか、草取り用の鍬などで根元から掻き取ります。種子をつけさせないようにすればよく、ナズナと同じように扱えばよいでしょう。

英名：least pepperwort ／原産地：北米／増え方：越年草で、種子でよく増える／繁殖期：4 ～ 6月に開花し、種子を落とす

1 マメグンバイナズナ

イヌムギ

イネ科　*Bromus catharticus*

芒(ぼう)のない大きめの小穂を2列につけた穂を5～6月に出し、草丈50～100㎝になる多年草です。これも明治時代に導入された外来種の牧草で、その後雑草化したものです。同じ属には160～170の種があるとされ、イヌムギも含めていくつかの種がブロムグラスと呼ばれて牧草として栽培されています。他のイネ科の牧草と同じように、草取り用の鍬などで掻き取るか、鎌や草刈り機で低く刈り取って管理すればよいでしょう。

別名：ブロムグラス／英名：tall fescue, rescuegrass ／原産地：南アメリカ／増え方：多年草で、種子で増える／繁殖期：5 ～ 7月に開花し、種子を落とす

1 イヌムギ

オオオナモミ

キク科　*Xanthium occidentale*

最もよく知られた“ひっつき虫”です。日本に古くからあったオナモミ（*Xanthium strumarium*）は別種で、北米から来た外来種であるオオオナモミに追いやられ、絶滅危惧種に指定されています。オオオナモミは名前の通りオナモミより植物体も種子も大きく、牧草地や農地の有害雑草となっており、「日本の侵略的外来種ワースト100」に含まれています。一年草なので、種子をつけさせなければ大丈夫です。種子が成熟するまで時間がかかるので、早めに手で引き抜くか、草取り用の鍬で根元から掻き取ることを心がけておれば問題ありません。

英名：rough cocklebur／原産地：北米／増え方：一年草で、種子で増える／繁殖期：9～10月に開花し、種子を動物に付ける

1 オオオナモミの花
2 オオオナモミの実

カラスムギ

イネ科　*Avena fatua*

草丈1m程で、枝分かれした茎に2本の芒（ぼう）がある大きな穎果が垂れ下がる穂をつける越年草です。エンバク（*A. sativa*）と同じ属でよく似ています。この属には20程の種があり、いくつかの栽培種と野生植物がありますが、カラスムギも含めてどの種も穀粒は食用になります。カラスムギは、エンバクやムギ類の畑に入ると区別がつきにくいことから、生産物の品質を下げる深刻な雑草となります。他の場所では種子をつけさせないようにすればよく、それほど強力な雑草ではないので、他のイネ科の一年草と同じように、草取り用の鍬などで掻き取るか、鎌や草刈り機で低く刈り取るなどして管理すればよいでしょう。

英名：common wild oat／原産地：ヨーロッパから西アジア／増え方：越年草で、種子で増える／繁殖期：5～7月に開花し、種子をつける

1 カラスムギ（写真提供／笹沼恒男氏）

キショウブ

アヤメ科　*Iris pseudacorus*

水辺でよく見かける黄色い花をつけるアヤメのような多年草です。鑑賞用に栽培されていたこともありますが、大変強いので、日本生態学会が定めた「日本の侵略的外来種ワースト100」に含まれるほどに雑草化してしまいました。一年中枯れることはなく、常に葉を伸ばしています。種子はあまりつかないようです。*Iris*属には、アヤメ（*I. sanguinea*）、カキツバタ（*I. laevigata*）、ハナショウブ（*I. ensata*）、ジャーマンアイリス（*I. germanica*）など、多数の鑑賞植物を含む250種以上があります。キショウブだけが雑草扱いされるのは、その生存力と繁殖力の強さによるものです。

根茎は浅くあまり伸びないので、シャベルで根茎を掘り取るか、鎌や草刈り機で地上部を数cm残して刈り取りますが、この植物を完全に取り除こうとすると大掛かりな作業になります。

1 キショウブ
2 同属のハナショウブ

英名：yellow flag, yellow iris／原産地：ヨーロッパから西アジア／増え方：多年草で、種子で増える／繁殖期：5～6月に開花し、種子をつける

アカネ

アカネ科　*Rubia argyi*

英名：madder／原産地：東アジア／増え方：多年草で、種子で増える／繁殖期：8～10月に開花し、種子をつける

根が赤い色（茜色）の染料として使われるつる性の多年草です。太さ2～4㎜程の細く四角い茎に、3～6㎝程の小さな4枚の葉を輪生につけるのが特徴的で、すぐにわかります。茎に小さなトゲがついているので、素手で触ると少しチクチクします。花は小さく目立たない緑色で、秋に黒い丸い実がなります。同じ属には80種以上ありますが、他にはあまり知られた植物はありません。

つる性で茎が細いので、根元を見つけるのは難しいです。見つけたら、どの高さででもハサミで茎を切るのがよいでしょう。

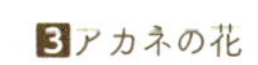

1アカネ
2アカネの幼苗　3アカネの花

クズ

マメ科　***Pueraria montana***

夏から秋にかけて最もよく見かけるつる性の多年草で、英名もkudzu（クズ）です。空き地や線路脇、道路脇の斜面など、手入れされていないところを覆い尽くす雑草です。日本に古くからある植物なので、日本では特定外来生物などには指定されていませんが、国際自然保護連合（IUCN）の種の保全委員会が定めた「世界の侵略的外来種ワースト100」の中の１つです。３つの小葉からなる葉が目につきますが、秋には赤紫色の花を穂状につけ、８㎝程の莢に種子（マメ）ができます。窒素固定ができるので、痩せ地でも広がることができます。つるは１年で20mも伸びるようで、つるが地面につくと根を出します。冬には地上部は枯れますが、秋までに地下にイモができます。イモから翌年芽が出ますが、イモから取った澱粉がくず粉です。このイモを掘り出すのが大変なうえ、澱粉を精製するのも手間がかかるので、くず粉はあまり生産されていません。同じ属には、インディアン・クズ（*P. tuberosa*）など10種程があります。

クズを取り除くには、イモを掘り出すしかありません。しかし、それは大変な作業です。春に芽が出てきたら、芽を伸ばさないよう繰り返し辛抱強く下から切り取ることです。除草剤を使う場合は、地下の部分が大きいので、地上部だけを枯らすものよりも、グリホサートのような植物体全体を枯らす除草剤を株元へ注入するのが有効なようです。

英名：kudzu, East Asian arrowroot／原産地：日本を含む東アジア／増え方：多年草でイモが残り、つるが伸びて根を出し、種子でも増える／繁殖期：８～９月に開花し、種子をつける

1クズのつる（下の花はサツキ）　2クズの花

ヤブガラシ

別名：ビンボウカズラ／英名：bushkiller, yabu garashi, Japanese cayratia herb ／原産地：日本を含む東アジア、東南アジア／増え方：多年草で根が残り、あちこちで芽を出し、種子でも増える／繁殖期：６～８月に開花し、少し種子をつける

ブドウ科　*Cayratia japonica*

夏から秋にかけて大変な勢いで育ち、
庭の樹木や生け垣を覆い尽くす多年生のつる性植物です。太い根が横に這い、冬には地上部が枯れますが、根で冬を越して、春から夏に芽を出します。葉は５枚に分かれており、花はガクアジサイのように房状につき、目立ちません。黒い小さな丸い実がなり、庭のあちこちでよく子葉が出てくるので、鳥などに食べられて種播きされているのでしょう。根から出てくる茎は、太いものでは太さ１㎝程もあり、伸びるスピードが早く勢いがあります。同じ属には10種程がありますが、いずれも５枚か３枚の小葉からなる葉を持つ、つる性の植物です。

手入れが行き届かない庭木や生け垣、フェンスに絡んでおり、鬱蒼としたところに生えてくるので、取り除くのは大変です。無理に取ろうとすると、絡まれている木を痛めます。伸びた茎を地面の近くで切ってつるが枯れるのを待ち、後で枯れた茎を細かく切って取り除くのがよいでしょう。地中から次々と伸びてくるので、根気よく切り取り、消耗するのを待ちます。根を取り除くのはまず無理なので、早くなくしたければ除草剤に頼るしかありませんが、大抵は木に絡んでいるので、除草剤散布も難しいです。

1ヤブガラシのつる　2ヤブガラシの花
3ヤブガラシの発芽した苗

ススキ

イネ科　*Miscanthus sinensis*

別名：尾花、茅（萱）／英名：Susuki grass, Korean uksae, Chinese silver grass ／原産地：日本を含む東アジア／増え方:多年草で、種子を飛ばす／繁殖期: 9 ～ 11月に開花し、多数の種子をつける

秋の七草の１つで、月見の夜にススキの花を飾りましたが、最近はそういうことをする家は地方でもほとんどないでしょう。日本の空き地の雑草の代表的な植物で、草丈２m程になる多年草です。冬には地上部は枯れますが、地下部は生きていて、毎年そこから芽を出し、株立ちになります。根茎やランナーを伸ばして横に大きく広がることはありませんが、種子には毛が生えていて、風で飛びます。セイタカアワダチソウ（➡114ページ）に生育地を奪われそうになりましたが、最近はだいぶ盛り返しているようです。よく似た植物にオギ（荻、*Miscanthus sacchariflorus*）があります。同じ属ですが、こちらは根茎で横に広がり、ススキより水の多い場所を好みます。オギに似た植物にヨシ（*Phragmites australis*）がありますが、これは属が違います。ヨシはオギよりももっと湿地を好み、茎が硬く大きくなります。ススキもオギもヨシも茅葺き屋根の材料にされます。*Miscanthus*属には他に10以上の種があります。

ススキは種子が風で飛んでくるので、庭でもよく生えてきます。放置して株が大きくなると茎葉が硬く手に負えなくなるので、早めに根元から掻き取ります。大きくなってしまったら、除草剤を使うしかありません。

1ススキ　2同属のオギ

オオブタクサ

キク科　*Ambrosia trifida*

線路脇や道路脇に増えている大型雑草で、高さ2m以上になる一年草です。穂状に緑色の花をつけて花粉を飛ばし、花粉アレルギーの原因となる植物です。日本ではスギの花粉が一番の問題ですが、アメリカでは古くからブタクサが花粉アレルギーの一番の原因でした。日本でもこれだけ広がってくると、そろそろブタクサアレルギーが大きな問題になると思われます。線路脇や道路脇を管理している機関は、早急にオオブタクサの拡散を防止する対策を実施する必要があるでしょう。これも日本生態学会が定めた「日本の侵略的外来種ワースト100」に含まれています。

発芽して開花するまで数カ月かかるので、その間に鎌や刈払い機で地際部を刈り取れば、開花する花を大きく減らせます。毎月刈り取りしておれば、こういう大型雑草が増えることはないでしょう。手に負えなくなったら除草剤も有効です。地下部が残る植物ではないので、大抵の除草剤が効果的です。

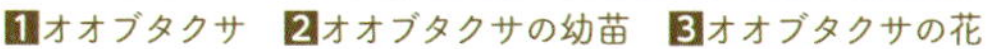

1オオブタクサ　2オオブタクサの幼苗　3オオブタクサの花

別名：クワモドキ／英名：ragweed ／原産地：北米／増え方：一年草で、種子を落とす／繁殖期：8～9月に開花し、多数の種子をつける

セイタカアワダチソウ

別名：代萩／英名：Canadian goldenrod ／原産地：北米／増え方：多年草で根茎で広がるが、種子でも増える／繁殖期：10 ～ 11月に開花し、種子を飛ばす

キク科　*Solidago canadensis*

大変な勢いで増える多年生の雑草です。それまでススキ（➡112ページ）が生えていたところや休耕田、空き地に広がり、かつては日本中を覆い尽くしそうな勢いでしたが、最近は減っているようです。北米原産で、1900年頃に鑑賞用として日本に導入されたものなので、時代劇などでセイタカアワダチソウが出てくるのは時代考証の不足だと気づきます。秋に咲く黄色の花は、見方によっては美しいのですが、2 m以上の大きさになり、不気味かつ強力な侵略的雑草として嫌われています。他の植物の生育を抑制する化学物質を出してアレロパシーを示すので、セイタカアワダチソウがあるところに他の植物は生えにくいです。根茎で増えますが、羽毛を持つ種子もつけ、種子でも広がります。「日本の侵略的外来種ワースト100」に含まれています。以前は花粉アレルギーの原因になると恐れられましたが、虫媒花で花粉があまり飛ばず、今はあまり問題ないと考えられています。同じ属には100程の種があり、その多くがセイタカアワダチソウのように黄色い小さい花を咲かせ、鑑賞用に栽培される種類もあります。

種子から育って植物体がまだ小さいうちは、手で抜くのは容易ですが、根茎が広がって集団になると、取り除くのは大変な作業になります。鎌や刈払い機で低く刈り取れば、低く花を咲かせるので、それなりにきれいです。花が咲いてしばらくして再度刈り取れば、種子で広がらず、それほど憎むべき雑草ではないと思われます。退治したければ、グリホサートなどの除草剤が有効です。

1セイタカアワダチソウの花　2セイタカアワダチソウの幼植物体　3小さく育った株

ヒメムカシヨモギとオオアレチノギク

キク科　*Conyza canadensis(=Erigeron canadensis)* ／
キク科　*Conyza sumatrensis(=Erigeron sumatrensis)*

ヒメムカシヨモギは、名前は優雅ですが、なかなかの雑草です。夏に毛が生えた薄緑色の細長い葉を多数つけた茎が立ち上がり、1.5～2mに伸びます。秋になると縦長の目立たない花を房状につけ、羽毛が生えた種子を飛ばして増えます。空き地や荒れ地によく生えており、ヨモギ（➡83ページ）より大きくなります。似た雑草に同属のオオアレチノギクがあります。オオアレチノギクの花には舌状花はなく、ヒメムカシヨモギには短く目立たない白い舌状花が外側に1層あります。*Conyza*属には150以上の種が、*Erigeron*属には250以上の種がありますが、この2つの属の分類には混乱があるようです。オオアレチノギクも日本生態学会が定めた「日本の侵略的外来種ワースト100」に含まれています。

オオブタクサ（➡113ページ）と同様に、発芽して開花するまで数カ月かかるので、その間に鎌や刈払い機で低く刈り取れば、開花する花を大きく減らせます。グリホサート抵抗性のものが見つかっており、他の除草剤にも抵抗性のものがあるようです。

別名：ゴイッシングサ、メイジソウ、テツドウグサ（ヒメムカシヨモギ）／英名：horseweed, Canadian horseweed（ヒメムカシヨモギ）、Guernsey fleabane（オオアレチノギク）／原産地：北米（ヒメムカシヨモギ）、南米（オオアレチノギク）／増え方：二年草で、種子で増える／繁殖期：8～10月に開花し、種子を飛ばす

1 オオアレチノギク　2 オオアレチノギクの花

オオハンゴンソウ

キク科　*Rudbeckia laciniata*

英名：cutleaf coneflower／原産地：北米／増え方：多年草で根茎が残るが、種子でも増える／繁殖期：7～9月に開花し、種子を落とす

草丈1.5～2mで、7～9月に黄色で一重の花弁が垂れ下がった花を上向きに咲かせる多年草です。八重咲きオオハンゴンソウという種類もあります。オオキンケイギク（➡87ページ）と同様に、もともと鑑賞用に導入された植物で、各地で雑草化しており、特定外来生物に指定されていますが、日本生態学会が定めた「日本の侵略的外来種ワースト100」には入っていません。同じ属には、鑑賞植物の種がいくつかあります。ルドベキア（➡158ページ）という名前で販売され、育種で様々な特性のものが作られるので、それがどの種に当たるのか明らかにするのは難しいです。オオハンゴンソウは他の*Rudbeckia*属の植物より大きく、根茎が残って増えるので、雑草としての能力が高いようです。

根茎と種子で増えるので、増やさないためには花を咲かせないことが重要です。小さいうちは手で引き抜き、大きくなれば根茎まで取り除くか、鎌や刈払い機でこまめに刈り取ることを繰り返すことが減らすには有効です。特定外来生物なので、根茎など刈り取った植物体は完全に枯れるまで他の場所に移してはなりません。

1 オオハンゴンソウ
2 八重咲きオオハンゴンソウ

アレチウリ

ウリ科　*Sicyos angulatus*

樹木に覆いかぶさり、畑ではカボチャのように地面に広がって作物を覆い尽くすつる性の一年草です。果実は１㎝程と小さく房状につき、多数のトゲに覆われています。生育が旺盛で、多数の種子をつけるので繁殖力が強く、特定外来生物に指定されています。また、日本生態学会が定めた「日本の侵略的外来種ワースト100」にも含まれています。農地や荒れ地に広がっており、耕作放棄地の一面がアレチウリに覆われているところや、クズ（➡110ページ）の上にアレチウリが覆いかぶさっているところも見かけるので、今後ますます広がるのではないかと思われます。

小さいうちは手で引き抜き、大きくなれば根元に近いところの茎をハサミで切ります。刈り取った植物体は完全に枯れるまで、その場から移してはなりません。特定外来生物のため、アレチウリを退治するためのマニュアルが多くの機関から出されています。本書でも繰り返し書いているように、できるだけ早めに抜き取ること、種子をつけさせないこと、こまめに除草することが勧められています。

1 アレチウリのつる
2 アレチウリの花
3 アレチウリの幼苗
4 アレチウリの果実

英名：oneseed bur cucumber, star-cucumber／原産地：北米／増え方：一年草で、多数の果実をつけて種子で増える／繁殖期：8～9月に開花し、種子を落とす

ヘクソカズラ

アカネ科　*Paederia scandens*

　名前の通り、臭いのが特徴のつる性の木本植物です。普段から臭っているわけではなく、花が臭いわけでもないのですが、触ったり、つるを切り取ったりすると大変臭いです。植物ですが、クレマチスやスイカズラ（➡121ページ）と同様に茎があまり太くはならないので、草と同じ扱いでよいでしょう。夏に赤茶色に白覆輪の8㎜程の小さなきれいな花を多数つけ、秋に薄茶色の小さな丸い実がなります。
　根元から掻き取るとよいのですが、つる性で根元がどこにあるかわからないことが多いので、茎を見つけたらどこででもハサミで切り、花を咲かせないようにするのがよいでしょう。すぐにつるを取り除くと臭いので、よく枯れてから取り除きます。冬には枯れるので、冬の間に根元を見つけて、そこから掻き取るのも有効です。

別名：クソカズラ、ヤイトバナ、サオトメバナ／英名：skunkvine, stinkvine, Chinese fever vine／原産地：日本を含む東アジア／増え方：多年生植物で、多数の果実をつけて種子で増える／繁殖期：7～9月に開花し、種子を落とす

1 ヘクソカズラのつる
2 ヘクソカズラの花　3 ヘクソカズラの実

イタドリ

タデ科　***Fallopia japonica***

竹のように節のある茎に三角形の葉をつけ、根茎が地中深く広く広がり、そこから春に勢いよく芽を出す多年草です。食べると酸味があることからスカンポとも呼ばれます。道路や線路の脇の斜面などによく生え、夏に小さな白い花を穂状に咲かせます。種小名が*japonica*で、英名がJapanese knotweed（knotweedはタデ科の植物に広く使われている名前）とあるように、日本に古くからある植物で、ヨーロッパに持ち込まれて旺盛な生育から外来種として広がり、国際自然保護連合（IUCN）の種の保全委員会が定めた「世界の侵略的外来種ワースト100」の中の１つとなっています。同じ属には10以上の種があります。

一度大きくなると容易には除けないので、大きくなる前に引き抜くことです。大きくなってしまうと根茎が広がっているので、土を掘り返しても根茎を取り除くことができず、刈払い機でこまめに刈り取って消耗させるか、除草剤を使うしか対策はありません。

別名：スカンポ／英名：Asian knotweed, Japanese knotweed／原産地：日本を含む東アジア／増え方：多年草で根茎で増えるが、種子でも増える／繁殖期：8～10月に開花し、多数の種子を飛ばす

1イタドリ　2イタドリの芽生え

カナムグラ

アサ科　*Humulus japonicus*

フェンスなどによく絡んでいる、つる性の一年草です。葉は手のひらのように5つに分かれ、茎には小さなトゲがあります。百人一首に出てくる「やえむぐら」は、このカナムグラのことだそうです。雄株と雌株があり、雌花は淡緑色でビールの原料のホップのような形をしており、雄花は小さい花が穂状につきます。ホップ（*H. lupulus*）は同じ属であり、ホップも雄株と雌株があります。

つるをハサミでこまめに切って花を咲かせないようにすることで、他のつる性の一年草と同じように管理すればよいでしょう。

英名：wild hop, Japanese hop ／原産地：日本を含む東アジア／増え方：一年草で、種子で増える／繁殖期：8～10月に開花し、種子を落とす

1 カナムグラのつる
2 カナムグラの幼苗
3 カナムグラの雄花
4 カナムグラの雌花

ヒルガオ

ヒルガオ科　*Calystegia japonica(=Calystegia pubescens)*

英名：Japanese bindweed ／原産地：日本を含む東アジア／増え方:多年草で、根茎で増える／繁殖期：6 ～ 8月に開花するが、種子はあまりつかない

フェンスなどによく絡んでいるつる性の多年草で、葉は細長く、アサガオを少し小さくしたような薄桃色の花を咲かせます。種子はあまりできず、冬に地上部が枯れて根茎が残り、根茎で増えます。茂りすぎてつるが絡まって大変になるようなことはあまりないので、つるを整理して鑑賞用にしてもいいような植物です。同じ属には、コヒルガオ（*C. hederacea*）やハマヒルガオ（*C. soldanella*）の他に20種程があります。サツマイモ（*Ipomoea batatus*）はこれに近縁ですが、西洋アサガオと同じ*Ipomoea*属です。根茎で増え、つる性なので、一度広がると完全になくすのは難しいです。つるを見かけたら、なるべく下の方の茎までたどり、ハサミで切ることです。

1 ヒルガオ

スイカズラ

スイカズラ科　*Lonicera japonica*

別名：ニンドウ／英名：Japanese honeysuckle ／原産地：日本を含む東アジア／増え方：木本植物で、種子で増える／繁殖期：5 ～ 6月に開花し、黒い実をつける

5～6月に香りのよい白い花を多数咲かせる、つる性の木本植物です。小さく栽培すれば十分鑑賞価値がありますが、強く伸びやすいので、放置すると周りの樹木やフェンスを覆ってしまいます。ボタンヅル（➡122ページ）と同じように、茎が木化して下の方は太くなります。小さな丸い黒い実をつけ、種子でよく増えます。同属には、赤い花が咲く鑑賞植物のツキヌキニンドウ（*L. sempervirens*）や食用となるハスカップ（*L. caerulea*）を含む180程の種があります。種子をつけさせるとあちこちに広がるので、花が咲いたら切り取ります。木本性なので、大きくなると抜き取るのは難しくなります。除去したいなら、地際部の茎をハサミで切り取って土をかけ、芽が出てきたらまた切ることを繰り返せば、そのうち生えてこなくなるでしょう。

1 スイカズラ

ボタンヅル と センニンソウ

キンポウゲ科　*Clematis apiifolia*　／　キンポウゲ科　*Clematis terniflora*

　ボタンヅルとセンニンソウはよく似ており、どちらもつる性の木本植物で、樹木やフェンスに絡んで大きくなります。ボタンヅルの葉は切れ込みがある３枚の小葉からなり、ボタンの葉のような形ですが、センニンソウの葉は鑑賞用のクレマチスのような３～７枚の切れ込みのない小葉からなります。夏に１～２㎝の白い花を多数つけます。茎が木化して下の方では少し太くなるので、草というよりは木です。冬には枯れますが、木化したところから春に新芽が出てきます。鑑賞用のクレマチス（*C. patens* や *C. florida* の交配種）と同じ属で、同属には他に約300の種があるようです。この仲間は、大抵有毒植物です。

　冬に根元までたどり、そこからねじり鎌などで掻き取るか、なるべく下の位置で茎をハサミで切って、芽が出たら切るのを繰り返せば、弱らせて減らすことができます。毒があるので、素手で引き抜いたりしない方が無難です。

1 ボタンヅルの花
2 ボタンヅルの若い果実

別名：ウマクワズ（センニンソウ）／英名：sweet autumn clematis, sweet autumn virginsbower（センニンソウ）／原産地：日本を含む東アジア／増え方：どちらも木本植物で、種子で増える／繁殖期：どちらも８～９月に開花し、種子を飛ばす

ノイバラ

バラ科　***Rosa multiflora***

別名：ノバラ／英名：multiflora rose, Japanese rose／原産地：日本、朝鮮半島、中国／増え方：木本植物で、種子で増える／繁殖期:5～6月に開花し、赤い実をつける

日本にあるバラの原種で、径2㎝程の白い5弁の花を多数房状につけ、秋に小さな赤い果実をつけます。木本性なので雑草というのは不適当ですが、茎が細く藪状に育ち、樹木というほどは大きくならず、他の雑草と同じように生えているので、ここに入れることにします。*Rosa*属には40以上のバラの原種がありますが、日本には、他にハマナス（*R. rugosa*）やテリハノイバラ（*R. wichuraiana*）などがあります。ノイバラはバラの接ぎ木の台木として用いられます。

木本性でトゲが多いので、手で引き抜いたり、根元から掻き取るのは難しいです。地際部付近で、剪定バサミで茎を切るのがよいでしょう。

1 ノイバラ

ツルマメ

マメ科　*Glycine soja*

ダイズ(*Glycine max*)の葉を小さくし、茎を細長くして、莢を小さくしたようなつる性の一年草で、ダイズの原種と考えられています。ダイズと交雑可能で、完全な別種とは言えないかもしれません。ツルマメは日本に古くからある野生植物なので、遺伝子組換えダイズの遺伝子がツルマメに移って、生物多様性に影響を与える可能性が懸念されることがあります。大変よく似た植物にヤブマメ（*Amphicarpaea edgeworthii*)があります。ツルマメより葉の幅が広く丸みがありますが、これだけでは判別できません。花はツルマメが赤紫なのに対し、ヤブマメは青紫で筒状の白い部分が長いのでわかります。

発芽から開花までの期間が長いので、生育途中に見つけたら、地際部をハサミで切れば、種子をつけさせないようにすることができます。地際部がわからなければ、できるだけ低い位置で茎を切ることです。

1 ツルマメ(写真提供／加藤信氏)
2 ツルマメに大変よく似たヤブマメ(別属)

別名：ノマメ／英名：wild soybean ／原産地：日本、朝鮮半島、中国／増え方：一年草で、種子で増える／繁殖期：7～9月に開花し、種子をつける

雑草と上手くつきあう

草取りを楽しみながら庭作りを

知らない植物は残す

夫が休日に家庭サービスをしようとして、庭の草取りをしたところ、後で奥さんから「育てている花を抜いてしまった」と言って怒られたという話をよく聞きます。たまにしか草取りをしない夫は、雑草と花の苗の区別がつかなかったのでしょう。

植物を知らない人は、何でも抜いてしまいます。家庭菜園で野菜の種子を直接畑に播くと、どれが雑草でどれが栽培しようとしている野菜なのかがわからなくて困ることがあります。その野菜を栽培したことがあり、子葉や幼苗の形を知っておれば、それ以外のものを抜けばよいのですが、初めての場合はわかりません。シソが生えてきたと言って喜んで、そのまま栽培を続けていたら、ハキダメギクであったということがありました。

我が家では、夫婦でそれぞれ草取りをしますが、知らない植物は残すというルールにしています。そうするとトラブルが起こることがないし、未知の植物が勝手に生えてきた鑑賞植物であることもあり、タネや苗を買わなくても花がいろいろ咲く庭を作ることができます。

草取りは選抜作業

草取りは、増えては困る植物を除き、育ってもよい植物を残す選抜作業として行えば、好みの植物が自然に生育する庭を作ることができます。草取りも、全ての植物を取り除くような作業だと、単純な肉体労働であまり楽しくありません。どれを残し、どれを除くかを考えながら行うと、楽しく作業できます。

こまめに草取りをしていると、大きな雑草は減って、小さな雑草が増えてきます。同じ植物でも、こまめに草取りをしていると、短期間で小さいうちに開花してすぐに種子をつけるタイプが増えて、大きく育つタイプが減るようです。その植物の種内に遺伝的な変異があり、短期間に目立たずに種子を残すタイプが増えることによって、こまめに草取りをされる条件に植物が適応するものと思われます。雑草が小さければ、栽培したい植物より小さくて隠れるか、あるいは目立たなくなるので、増えてもあまり問題ありません。

雑草にはイネ科とキク科の植物が多いので、それらを意識して除きます。イネ科の植物の葉は、鑑賞植物が多いユリ科やヒガンバナ科の植物とはすぐに区別できるので、根元から除きます。キク科やアブラナ科の雑草は、タンポポのように大きな根生葉で地面に広がっている段階で根元から取ります。放置すると、茎が伸び、花が咲きますが、その段階になると茎も根も硬くなって、除草しにくくなります。

ハコベやカタバミのような茎が細くて切れやすい、あるいは横に這うものは、根元から取るのは難しいので、できるだけ地上部を取り除きます。ハコベやカタバミのような小型の雑草は完全になくすのは困難ですが、栽培している植物の上に出るようになれば取り除きます。

花や野菜も雑草化する

園芸店で売っている花などの鑑賞植物でも、雑草化する植物は数多くあります（後述）。それらを庭に植えておけば、毎年生えてきて、草取りするだけで四季折々に花が咲く庭ができます。花の栽培指導の本では、花が咲き終わったらすぐに花がらを切り取るように書いてあります。放っておくと実ができて栄養がそちらに取られるので、花があまり咲かなくなるためです。また、枯れた花弁が残ると、そこにカビが生えて、汚くなります。しかし、実をつけて種子を作らせると、翌年にはあちこちに生えてきます。一年草なら、その年に花を咲かせます。クロッカスやハナニラ、ムスカリなどの球根植物の多くは、3年後くらいに花が咲きます。根茎で広がっていくものもあります。注意しないと広がりすぎて、手に負えなくなる花もあります。

野菜で、雑草のように生えるものもあります（後述）。シソやミツバ、ミニトマトなどは雑草のように生えてきます。野菜を自然に生やすには、実がなるまでそのまま育てて、種子を落とさせることです。野菜の種子は、毎年買った方ができる野菜の質がいいですが、自然に生えてきたものでも、それなりに食べられます。

荒れた庭にはしたくないけど…
緑がないのも寂しいし…
理想の庭
思い通りにならないかな〜

雑草の管理は場所に応じて

その場所をどうしたいか

トマトの畑にカタバミが生えていても、ヒマワリの下草にシロツメクサが生えていても、何の問題もありません。カタバミもシロツメクサも、トマトやヒマワリの成長にほとんど悪影響を及ぼさないし、美観を損ねることもありません。しかし、これらが芝生の庭に生えていると美観を損ねます。門から玄関までの通路には、ツメクサやゼニゴケのような小さな植物でも気になります。その場所を、何の植物も生えていないようにしたいのか、和風の庭にしたいのか、芝生の庭にしたいのか、花を育てたいのか、野菜を栽培したいのか、あるいは空き地で雑草が大きくなりすぎないようにしたいのかによって、雑草の管理の仕方も異なります。

雑草管理のポイントは、次の2点です。

1 育てている植物よりも雑草が大きくならないようにすること

2 雑草に種子をつけさせせないようにすること

育てている植物よりも雑草が大きくなると、美観が損なわれるだけでなく、育てている植物の成長が雑草により妨げられます。また、これまで何度も書いてきたように、雑草に種子をつけさせると、毎年その雑草に悩まされます。

場所に応じた草取りのコツ

庭の草取り

1 通り道

門から玄関までのアプローチや、玄関や門から勝手口や物置につながる道などは、小さな草も生えないように丁寧に取ります。アプローチはインターロッキングで舗装することが多いですが、インターロッキングのブロックの隙間に雑草がよく生えます（写真25）。ブロックの隙間やアスファルトやコンクリートの割れ目は、種子で広がる植物の格好のすみかです。隙間に落ちた種子は、発芽して種子根を真っ直ぐ深く伸ばし、水や養分を吸収できます。何より、地上部で他の植物との競合がないので、のびのび育つことができます。

写真25　インターロッキングの隙間に生えるコケとスズメノカタビラ（左）、ねじり鎌によるコケ取り（右・上下）

以前、アスファルトの隙間に生えて大きくなったダイコンが「ど根性ダイコン」として有名になりましたが、根性がなくてもダイコンはアスファルトの隙間でよく育ちます。しかし、インターロッキングのブロックの隙間を押し広げて太るほどの根性はないでしょう。

インターロッキングのブロックの隙間には、カタバミやスズメノカタビラのような小型の雑草がよく生えますが、最もよく生えるのはコケです。コケもスズメノカタビラなどの小型の雑草も、ねじり鎌や金属製のヘラを使って削り取ります。カタバミやスズメノカタビラが大きくなる前に除草剤を使うのも1つの解決策です。除草剤のことは後述します（➡182ページ）。

2 和風の庭

和風の庭では、庭木を植えて盛り上がったところはコケで覆い、低いところは玉砂利を敷くことが多いですが、コケで覆ったところも砂利を敷いたところも、小さな雑草がよく生えます。和風庭園は一般によく手入れされていますが、そういうところでもハコベやカタバミ、スズメノカタビラ、シダなどはよく生えてきます（写真26）。コケ庭や砂利の庭では、どんな雑草もよく目立ち

写真26　和風のコケ庭で雑草化するシダやヒゴスミレ、カタバミ

ます。小さな苗の段階でも見逃さないように指で抜き取ることです。ねじり鎌などはコケを剥がしてしまうので使いにくいです。和風の庭には大抵ツツジやカエデなどの庭木を植えているので、除草剤は使いにくく、手で除草が必要です。美しいですが、最も手がかかる庭です。

3 芝生の庭

サッカー場やゴルフ場のような、きれいな芝生の庭を自宅に作りたいと思う人は多いことでしょう。庭付きの家を新築すると、庭にシバを張る人が多いですが、きれいな芝生になっている庭はあまり多くありません。様々な雑草が生えて、シバが負けてしまうからです。日本でよく使われるコウライシバは、マット状のものを買って、数㎝の隙間を開けて張りますが、その隙間にまず雑草が生えます。シバがランナーを伸ばしてその隙間を埋めるようになるには2年程かかり、広がるまでは土が均平になっておらずシバが十分に張り付いていないため、芝刈機が使いにくいので、手で草取りするか、除草剤を使うしかありません。それほど広くないなら、ねじり鎌や金属製のヘラなどで掻き取るのがよいでしょう。シバが十分に広がると、あとは芝刈り機でこまめに刈り取れば、きれいになります。刈り取る頻度は、シバの種類や刈り取る高さによりますが、週に1回から2週間に1回程度でしょう。日本は高温多湿なので、高温多湿に強く、あまり伸びず葉が細かいコウライシバを使うことが多いですが、冬に茶色く枯れてしまう欠点があります。冬も緑を保ちたい時は、西洋シバを用います。

西洋シバと言われる植物は、ケンタッキーブルーグラス（⬇56ページ）、イタリアンライグラス、ペレニアルライグラス（⬇102ページ）、トールフェスク（⬇105ページ）、クリーピングレッドフェスク（⬇105ページ）などの牧草類で、いくつかの種類があり、それらの種子を混合して播きますが、どれも放置すると大きく伸びます。コウライシバも西洋シバも、あまり短く刈りすぎるとシバが禿げてしまうことがあり、やや長め（3～5㎝程度）に刈って、頻繁に刈る方がよいでしょう。

シバをこまめに刈っていると、雑草もあまり生えることができず、厄介な雑草であるエノコログサやメヒシバも花をつけることができないので、増えません。しかし、カタバミやシロツメクサ、チドメグサのように、シバのランナーより下にランナーを伸ばして広がるものや、ツメクサやタネツケバナ、タチイヌノフグリのように小さくても種子をつけられる植物は、一度広がってしまうと手に負えなくなります。

また、これら双子葉植物の雑草は、芝生の中では目立ち

写真27　芝生の庭園。近くで見ると雑草があっても（左）、刈ってあれば遠目に見ると十分にきれい（右）

ます。ただし、上から見ると気になっても、少し離れて見ればきれいな芝生に見えます（写真27）。増えてしまって気になるようであれば、除草剤を使うしかありません。

4 花の庭

専門家が管理している植物園の花壇でも、近くで見れば、小さな雑草が生えていることが多いものです。草花を植えている庭は、植えている花より雑草が大きくなく、目立たなければよいのです。パンジーやチューリップなどを咲かせている春の花壇は、生えてくるのはハコベやタネツケバナ、ヒメオドリコソウ、スギナなどで、多少気になるものの、植えている花が負けるということはあまりありません。大きくなりすぎるものだけ取り除けば十分です。

一方、ペチュニアやマリーゴールドなどを植えている夏から秋の花壇は、ヒメジョオンやエノコログサなどの大きな雑草に負けて雑草に覆われ、見苦しくなることが多いです。そうなる前に、植えている花以外の植物を早めに抜き取ります。その花を栽培している人なら、植えている花とそれ以外の植物は、見ただけで区別できるはずです。

ペチュニアならペチュニアだけというように、決まった花だけを栽培する場合の草取りは割合簡単ですが、様々な花が自然に生えてくるような庭にしようとするには、知っている雑草の方を取り除くようにします。後述する「雑草化する花」で挙げた花などは、毎年発芽してきたり、地中から芽を出してきます。子葉の段階では、花も雑草も区別がつかず、本葉が出てきて初めて区別がつきます。慣れてくると、幼苗の段階で、知っている雑草はわかります。知らないものはしばらくそのままにして、花が出てくれば除草します。イネ科の植物を鑑賞用に栽培することはほとんどないので、イネ科は躊躇なくすぐに抜きます。

自然に雑草のようによく生えてくる花を後で紹介しますが、ここで紹介するものが全てご自分の庭で適応できるかどうかはわかりません。地域によって夏や冬の気温が違います。土質によっても、家の南側か北側かによっても適した植物が違ってきます。筆者が暮らす仙台では、夏がそれほど暑くなく、サクラソウの仲間やフクジュソウ、スズランなどが雑草化しますが（写真28）、大阪や名古屋など夏が暑いところではこれらの植物は難しいでしょう。

写真28　こぼれ種で雑草のように広がるプリムラ・マラコイデス

一方、仙台では冬を越すことができないペチュニアやバーベナなどが増えやすいでしょう。どういう花がご自分の地域に適しているかを知るには、様々な花のタネを播いて試してみるよりは、様々な種類の花の苗を買って植えてみることです。そして、花が咲き終わって実がついてもそのまま放置し、翌年、発芽してくるか、あるいは生き残った株から出てくる芽を抜かずに、雑草だけを選んで除草し、放任で花が咲くものを選ぶのが簡単です。こぼれ種で育つ植物は、親よりも花の美しさが劣る場合が多いですが、花が咲いてから劣るものを除き、良いものだけを残せば、自然に毎年花が咲く庭を作ることができます。

野菜畑の草取り

ゴールデンウィークの頃には、ホームセンターや園芸店で、様々な野菜の苗が販売されて賑わいます。自宅の庭や大型のプランターで野菜を栽培する人や、一坪農園などを借りて野菜を栽培する人が増えています。栽培することによって、販売されている形の野菜がどのようにできるかを知ることができ、新しい品種や珍しい野菜を食べることができます。また、見栄えは悪いが無農薬や低農薬の野菜を作ることもできます。しかし、4月か5月に苗を植えて、大抵5月中は熱心ですが、梅雨になって畑に入りにくくなり、梅雨が過ぎた頃には雑草が増えて、意欲がなくなってしまうことがよくあります。雑草の繁茂が、野菜栽培の意欲を失わせる一番の原因です。

春から秋まで栽培するトマトやキュウリ、ピーマンなどの夏作の場合、畝の雑草を抑えるために、マルチを張ります。マルチとは、雑草防止や土はねによる病害発生防止のため、黒やシルバーのポリエチレンフィルムなどで畝を覆うことで、マルチングの略です（写真29）。マルチを張った場所は雑草が生えませんが、通路になる畝間と、野菜の苗を植えた植え穴に雑草が生えます。畝間もマルチを張ればそこに雑草は生えませんが、雨水が染み込まなくなるので、畝間にはマルチは張りません。

5月から7月にかけて野菜畑でよく出てくる雑草は、メヒシバとエノコログサです。畝間の雑草は、草取り用の鍬で根元から掻き取ります。小さな畑なら、しゃがんでねじり鎌で草取りします。鍬よりもねじり鎌を使う方が近くから見るので、丁寧な草取りができますが、面積が広いと疲れます。植え穴の雑草は、手で抜き取ります。植え穴の雑草が大きくなりすぎると、植えた野菜の苗も一緒に抜けてしまうことがあるので、小さいうちに抜くことが必要です。

写真29　黒いポリエチレンによるマルチ

地面を這わせるカボチャやスイカ、サツマイモなどは、雑草に覆われてしまうことがよくあります。カボチャやスイカは、マルチを張った畝から外に広がるので、そこで草が生えます（写真30）。サツマイモはマルチを張らないことが多いので、雑草に負けやすいです。植えている野菜より、雑草が大きくならないように、また、雑草に種子をつけさせないように手で引き抜きますが、野菜が茂ってくると中に入りにくくなるので、高枝切りバサミのようなもので遠くから雑草を切り取って集めるのもよいかもしれません。

秋に種播きをするダイコンやハクサイ、ホウレンソウなどや、秋に苗を定植するキャベツやイチゴなどの栽培では、あまり雑草に困らされることはありません。雑

写真30　メヒシバやカヤツリグサが隙間に生えるカボチャ畑

草は生えてきますが、大きくなるのは翌春であるものが多いので、それまでに収穫する野菜が多いからです。ただ、野菜の種子を播いた時に、どれが野菜でどれが雑草かわからないことがあります。野菜の苗の形をよく知っておれば問題ありませんが、初めて栽培する時は、ばら播きはせず、筋播きして、線に沿って多数出てきたものを目的の野菜と判断すると失敗がありません。

空き地や道端の草取り

空き地や休耕の農地などで、雑草が１ｍ以上に伸びて生い茂っている状況は、大変見苦しいものですが、雑草が生い茂る迷惑空き地が全国で増えているようです。道路脇や線路脇に雑草が生い茂った見苦しい状態は、かつてより多く見かけるようになったと思います。見た目に不快なだけでなく、ブタクサやヨモギ、カモガヤなど、アレルギーの原因となる花粉をまき散らして近隣住民に健康被害を与えたり、不快な害虫を増やすことにもなります。

住宅地に雑草が大きく茂る空き地があると、防犯上も好ましくありません。その土地の所有者には空き地の管理義務があり、条例で所有者に雑草の管理を求めている自治体が多くあります。三重県名張市では、行政代執行により強制除草ができるようにし、その除草費用は所有者に請求するそうです。人口減少に伴い、放置される空き地が増加するものと推測され、今後このような空き地管理条例の制定が多くなると思われます。土地所有者は、人を雇ってでも、雑草を管理することが必要になります。しかし、条例で強制し、金で解決するようなことより、近隣住民が管理し、土地所有者から謝礼で受けた飲み物でそこで飲み会をするような、もっと楽しい管理ができることが望ましいと思います。

植物を栽培していない空き地や道路脇などでは、全ての草を根元から取ったり除草剤で枯らしてしまうと、土が露出し、風で土埃が立つだけでなく、夏に暑くなります。見苦しくない程度に草を生やしていた方がよいでしょう。理想的には、西洋シバなどの種子を播いてイネ科の植物を生やし、10㎝より低くなるように頻繁に刈り取ることです。美しい空き地になること請け合いです。

手がかからない花の種子を播くのも楽しいでしょう。わざわざ種子を播かなくても、自然に生えてくる草を短く刈っているだけでも、それなりに美しい空き地にはなります。要は、頻繁に草刈りをして、草を大きくしないことです。ここで言う頻繁とは、6月から9月の4カ月間に月に2回程度（計8回）でしょう。最低、月に1回程度（計4回）です。

この草刈り作業は、空き地だと面積が広いので、草刈り鎌や刈り込みバサミを用いて手作業で行うと大変な労力です。やはり草刈り機が必要でしょう。空き地や農地で使う草刈り機であるエンジン式の刈払い機は、扱いにくく、作業の危険性が高いため、よく経験を積んだ人が扱う必要がありましたが、最近ではそれより力は弱いものの、扱いやすく危険性が低いものが販売されています（⬇176ページ）。

Column

庭の管理はこまめに、楽しんで 我が家の草取り

庭仕事をしながら気づいたこと

我が家では、ブドウ、カキ、リンゴ、モモ、キウイフルーツ、クルミ、ブルーベリー、ラズベリーなどの果樹を栽培しています。庭にはロウバイ、ハクモクレン、サクラ、ハナミズキ、サルスベリ、キンモクセイ、カエデなどの大きな木があり、その隙間にバラやツツジなどの小さな木がいろいろあります。それらの下や隙間に多年生の草花があり、空いたところに一年草や越年草の花を植えていますが、こぼれ種で生えてきたもので間に合うこともあります。春は庭一面花盛りになり、夏から秋は果物が採れ、晩秋は紅葉し、冬は雪景色になります。そんな様々な園芸植物があるように、雑草も様々なものが生えてきます。

この家に住むようになって20年になりますが、家を建てる前は空き地でした。様々な雑草が生えていたので、土地を購入して家を建てるまでの夏の間は、土地所有者の責任として、暑い時に鎌を持って草刈りを2、3度しました。

家を建てて初めの頃は、スギナやエノコログサがよく出てきましたが、草取りを続けた結果、今はもうほとんど見かけなくなりました。今多いのは、カタバミやハコベ、オランダミミナグサ、スズメノカタビラ、ミチタネツケバナ、タチイヌノフグリ、カラスビシャクなどの小型の雑草です。本書では紹介していませんが、秋にヤマミズが広がります。ヤマミズは雑草の本ではあまり紹介されておらず、名前がわかるまでいろいろ調べました。これ

らを、ねじり鎌や金属のヘラを持って地面を這って草取りをしていますが、様々な花が増えているのを見たり、雑草と呼ばれる植物の可愛さに気づいたりして、楽しんでいます。庭をきれいに保つのに重要なことは、「こまめに」「楽しんで」草取りをすることです。

厄介なのは雑草化する園芸植物

我が家で庭の管理をしていて一番困ることは、花として植えた植物が雑草化することです。一番困っているのはボタンクサギという木です。花の香りが良いということで購入しましたが、その木があるところから5m以上離れたところでも、あちこちで芽が出てきます。地中浅く広がった根から、不定芽が出てくるものと思われます。その芽を抜くと、かなり臭いので厄介です。

斑入り大名竹も、初めはブロックで囲って植えましたが、囲いから外に出てあちこちで筍を出します。こちらは根茎で広がり、硬いため引き抜くのは無理で、ハサミで筍を切り取るだけです。シラユキゲシという植物も根茎でよく広がり、これは引き抜くと毒がありそうなオレンジ色の粘液を出します。他にも、イトバハルシャギクや、ハツユキカズラ、ハナニラ、ブルークローバーなどが広がり、他に育てている植物の生育を妨げています。

勝手に生えてきた雑草とは違い、これらはもともと鑑賞用に栽培したものなので、完全に取り去ろうとはしません。そのため、いつまでもその広がりを抑え続ける必要があり、そのバランス取りが難しいです。

庭にいる「雑草」を探せ！

『ウォーリーをさがせ！』という絵本があります。きれいな絵の中の多数いる人の中から、ウォーリーを探すのは結構楽しめます。様々な植物の中にいる雑草を探すのも、同じように楽しいものです。例えば、多年生のフロックスの中に生えているオランダミミナグサは大変紛らわしいので、立って上から見たのでは区別がつきません。オランダミミナグサの方が葉が少し丸く、毛が密に生えているので、近くで見れば何とか識別できます。パンジーの中に生えるオオイヌノフグリも紛らわしいです。近くで見ると、オオイヌノフグリは葉が対生なので、パンジーと識別できます。コウライシバの中にいるスズメノカタビラも紛らわしいです。スズメノカタビラの方が葉が柔らかく、葉幅が広いです。シソの中に生えるハキダメギクもそうですが、茎の形でわかります。

問題1～5の写真の中で、どれが雑草か探してみましょう。写真ではちょっとわかりにくいですが、自分の目で直接見れば立体的に見えるし、焦点を様々な位置に合わせて見ることができるので、もう少しわかりやすくなります。**（クイズの答えは146ページ）**

もんだい

1

雑草２種類と花１種類が生えています。

ヒント
ヨモギはありません。

もんだい

2

雑草３種類と花２種類。

ヒント
花はカンパニュラとシバザクラです。

もんだい

3

芝生の中の雑草
5種類と花2種類。

ヒント
花はオダマキと
シバザクラです。

もんだい

4

雑草2種類と
花2種類ですが、
発芽したばかりなので
難しいです。

ヒント
花はパンジーと
プリムラ・マラコイ
デス、子葉だけでは
不明です。

もんだい

5

雑草1種類と
花1種類ですが、
大変よく似ています。

ヒント
花は多年生の
フロックスです。

写真クイズの答え

もんだい 1

赤：ヒメオドリコソウ／黄：ハコベ／青：キク

もんだい 2

赤：オランダミミナグサ／紫：オオイヌノフグリ／黄：ハコベ／青：カンパニュラ／橙：シバザクラ

もんだい 3

赤：スズメノカタビラ／紫：オランダミミナグサ／黄：オニタビラコ／青：オオイヌノフグリ／藍：チチコグサ／桃：オダマキ／橙：シバザクラ

もんだい 4

黄：ハコベ／赤：オランダミミナグサ／橙：パンジー／青：プリムラ・マラコイデス／紫：不明（恐らく、トキワハゼ）、子葉だけのものは、その後オランダミミナグサと判明

もんだい 5

赤：オランダミミナグサ／青：フロックス

雑草化する園芸植物

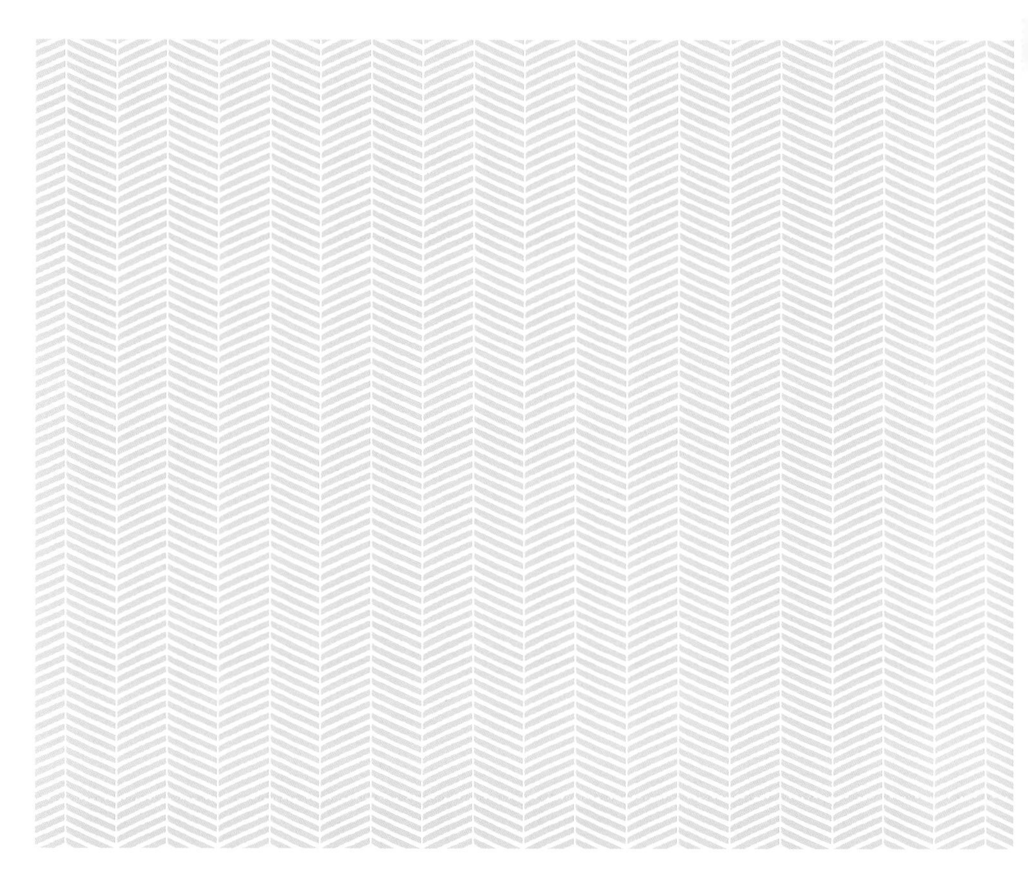

繁殖能力の高い花・野菜・ハーブ類

ここでは、雑草のようによく育つ繁殖能力の高い花と野菜、ハーブを簡単に紹介します。一旦植えると、毎年勝手に生えてくるので、種播きや植え付けなどしなくても、自然に庭や空き地で花を咲かせることができます。手間がかからない大変優れた花や野菜と言える一方、これらの中から、将来、特定外来生物に選ばれるものが出てくるかもしれません。

雑草化する花

フランスギク

キク科　*Leucanthemum vulgare*

草丈50㎝程で、マーガレットのような白い一重で芯が黄色い花を５月頃に咲かせる多年草です。マーガレットは寒さに弱いですが、これは寒さ暑さに強くて株が横に広がり、種子でも繁殖するので繁殖力が強く、道路脇などによく生えています。きれいな花ですが、かなり強いので、オオキンケイギク（➡87ページ）のようなことにならないように注意した方がいいかもしれません。フランスギクの改良種に、種間交雑で作出されたシャスタデイジー（*L.* × *superbum*）があります。

1 雑草化するフランスギク。ピンクの花はレッドクローバー

スイセン

ヒガンバナ科　*Narcissus*

ニホンズイセン(*Narcissus tazetta*)は越前海岸や淡路島などで自生しています。ラッパスイセン(*Narcissus pseudonarcissus*)は別の種で、ヨーロッパに自生します。ニホンズイセンは秋から葉を出して冬越しするので、寒さには弱く、東北以北の寒冷地には適しません。ラッパスイセンは早春から葉を出すので、寒冷地でもよく繁殖します。スイセンは有毒で、よくニラと間違って食べられて、食中毒の原因となります。スイセンも種子と球根の両方で繁殖するので、あちこちで雑草化しているのを見かけます。

1ニホンズイセン　2ラッパスイセン

ユリ

ユリ科　*Lilium*

ユリは日本が原産地の種が多く、日本の気候に適した植物と言えます。山に行けばヤマユリ（*L. auratum*）が多く見られ、スカシユリ(*L. maculatum*)の仲間も野生で見られます。道路脇ではコオニユリ(*L. leichtlinii*)がよく雑草化しています。日本の南西諸島にはテッポウユリ（*L. longiflorum*）が野生で生育しています。タカサゴユリ（*L. formosanum*）は台湾原産のテッポウユリに似た植物で、花の形はテッポウユリと変わりませんが、葉が細いのが特徴です。ユリは球根植物ですが、種子かムカゴで繁殖し、同じ株がいつまでも残っていることはありません。タカサゴユリは種子でよく繁殖しますが、1つの株は長生きせず、ウイルス病症状を示したりして弱ってくるので、種子をつけさせないと消えていきます。ヤマユリを改良した品種である「カサブランカ」は、種子はあまりできませんが、ムカゴでよく増えます。

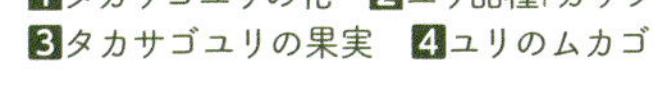

1タカサゴユリの花　2ユリ品種「カサブランカ」
3タカサゴユリの果実　4ユリのムカゴ

コヒマワリ

キク科　*Helianthus decapetalus*

同じ属のヒマワリ（*H. annuus*）は鑑賞用に大面積で栽培されますが、ヒマワリは一年草で、種子が飛び散ることがないので、こぼれ種で増えることはあまりありません。しかし、コヒマワリは多年生で、地下部が残り、根茎で横に広がるので、年々大きくなって、放置すると手に負えなくなるくらいに育ちます。草丈１～1.5mで、一重咲きのものと八重咲きのものがあります。同じ属には70～80の種があり、キクイモ（*H. tuberosus*）もそのうちの１つです。キクイモは、1.5～３mの草丈で一重のコヒマワリと似た花を咲かせ、根茎が肥大した塊茎にデンプンではなくイヌリンを含みます。イヌリンは健康食品として期待されるものです。キクイモは線路脇などでよく雑草化しています。

1コヒマワリ　2雑草化するキクイモ

コスモス

キク科　*Cosmos bipinnatus*

鑑賞用に広いところで栽培され、観光客の目を楽しませる一年草ですが、一度生えると、翌年からはわざわざ種子を播いたり植えたりしなくても、自然に芽が出てまた咲きます。子葉は細長く、葉は羽状に細く切れ込むので、幼苗を見ればコスモスであることはすぐにわかります。大きくなりすぎて倒れやすいのが欠点ですが、草丈の低い品種もあります。複数の品種を栽培すると、次の世代では特性が混ざって様々な特性のものになるので、特に見栄えの悪いものだけ引き抜いて除けば、何世代も自然の種子繁殖で花を咲かせることができます。キバナコスモス（*Cosmos sulphureus*）は、コスモスよりも早くから開花し、草丈も60～80㎝程度で低いです。コスモスもキバナコスモスも、一部は雑草化しているようです。

1コスモス　2キバナコスモス

ヒナゲシ

ケシ科　*Papaver rhoeas*

ヒナゲシも、コスモス（➡150ページ）やシバザクラ（➡152ページ）と同じように公園などで大規模に栽培されます。ナガミヒナゲシ（➡76ページ）と同じように細かい種子がよくでき、強いので、種播きや植え付けをしないでも、草取りをしておればよく花を咲かせることができます。春は雑草が多少出てきても、ヒナゲシの方が草丈が高くなるので、あまり気になりません。種子以外の全草にアルカロイドを含み、有毒です。アイスランドポッピー（*P. nudicaule*）も種子はよくできますが、ヒナゲシほど大きくならないので、春の草取りは必要です。

1 ヒナゲシ

ヒガンバナ

ヒガンバナ科　*Lycoris radiata*

秋のお彼岸の頃に、水田の畦で赤い花を一斉に咲かせる球根植物で、川の土手が真っ赤に染まっているところをよく見かけます。墓地にもよく植えられたからか、家の庭に植えるのは「縁起が悪い」と言われたものですが、海外では様々な色の品種が庭で栽培されているようです。花が咲いている時には葉はなく、花が終わってから葉が出て、初夏に枯れます。植物体全体にアルカロイドが多く有毒で、鳥獣害に強いです。三倍体で種子ができず、球根の分球でのみ増えるようです。同属の似た植物に、お盆の頃に桃色で花弁の幅が広い花が咲くナツズイセン（*L. squamigera*）があり、こちらも有毒です。

1 ヒガンバナ　2 ナツズイセン

シバザクラ

ハナシノブ科　*Phlox subulata*

シバザクラを大面積で栽培している公園が日本の各地にあります。ランナーで広がり、栄養繁殖で株を分けて植え広げるため、シバザクラで地面を覆うには年数がかかります。一度シバザクラで覆い尽くすと、後はあまり雑草が生えてこなくなるので、管理が楽になります。種子はほとんどできませんが、離れたところに少しは生えてくるので、種子でも広がるようです。

同じ*Phlox*属には、夏に草丈80㎝程で花を多数咲かせる宿根フロックス（*P. paniculata*）があり、同じところに株がよく残り、種子でも少し増えます。一年草あるいは越年草のフロックス・ドラモンディ（*P. drummondii*）もありますが、これはあまり強くないようです。

1 シバザクラ。花の間にスズメノカタビラの穂が見える
2 宿根フロックス
3 シバザクラが広がる斜面
4 フロックス・ドラモンディ

パンジー

スミレ科　*Viola × wittrockiana*

育種が進んだ花壇用の花なので、草丈はどれも10～15㎝程であまり変わりませんが、花径２㎝程から10㎝程までの変異があり、花色や花の模様も様々です。花が小さい品種は、ビオラと呼ばれることもあります。越年草で、こぼれ種でよく生えてきます。パンジーの品種はほとんどが一代雑種品種（F_1ハイブリッド）なので、こぼれ種で生えてきた株は、親とは異なった花を咲かせます。親よりも劣るものが多いですが、中にはいい花を咲かせるものがあるので、いい花だけを残すようにすれば、毎年いい花のものが出てくるようになります。

同じ属のヒゴスミレ（*V. chaerophylloides var. sieboldiana*）は、白花ですが切れ込んだ葉を持つので鑑賞用に栽培されます。ヒゴスミレと同種で、同じように切れ込んだ葉を持ちピンクの花を咲かせるナンザンスミレは、山野草としてよく販売されています。これらも種子での繁殖力が高く、雑草のように増えます。

1パンジーの花壇　**2**イチゴの隙間で雑草化するパンジー　**3**パンジーの幼苗

サクラソウ

サクラソウ科　*Primula*

ニホンサクラソウ（*Primula sieboldii*）は、多数の古い園芸品種がありますが、埼玉県の田島ヶ原で国の特別天然記念物の野生集団があります。根茎で繁殖し、早春に芽を出して４月頃に開花し、夏に地上部が枯れて、１年の約半分は地上部がありません。種子でも繁殖しますが、夏に種子がこぼれても、休眠があるため発芽するのは翌年の春になります。日本の気候に適した植物です。クリンソウ（*P. japonica*）は根茎では増えませんが、多年草で、同じところに株が残ります。細かい種子が多数できて、種子繁殖します。クリンソウは春から秋まで葉を出していて、冬に枯れます。暑さには弱いので、関東以北に適しています。一方、カッコソウ（*P. kisoana*）は、より暖地に適しているようです。

かつては温室の花であったプリムラ・マラコイデス（*P. malacoides*）は、耐寒性が強い種類が出回り、庭で雑草化するようになりました。これは、初夏に種子がこぼれて、夏から秋にかけて少しずつ発芽してきます。日本の山には、ハクサンコザクラ（*P. cuneifolia var. hakusanensis*）など*Primula*属の高山植物が多数ありますが、世界には他にも多数の*Primula*属の種があり、どこでも人気者です。*Primula*属の植物は異形花不和合性を持っており、短花柱花と長花柱花の間での交雑で種子ができ、自家受粉や同じ型の花の間の交雑では種子ができないようになっています。しかし、種によっては不和合性が弱く、クリンソウやプリムラ・マラコイデスは長花柱花だけでも種子ができるようです。

1ニホンサクラソウ　2クリンソウ
3カッコソウ　4短花柱花　5長花柱花

ネモフィラ

ムラサキ科　*Nemophila menziesii*

春に草丈10～15㎝で青い花を多数咲かせる越年草です。栽培は容易で、一度植えると秋や春にこぼれ種が発芽して、翌年春や初夏に花を咲かせます。育種はあまり進んでおらず、花は昔からあまり変わりません。そのため、自然にできる種子から育てるだけで、同じようにきれいな花を咲かせます。ただ、冬の厳しい寒さには強くないようです。白色で花弁の先端が紫色になるネモフィラ(*N. maculata*)は別種です。

1こぼれ種で生えた芽生え　2ネモフィラの花

ムシトリナデシコ

ナデシコ科　*Silene armeria*

初夏に草丈30㎝程度で、濃い桃色の径1㎝程の花を房状に上向きに咲かせる越年草です。茎の上部に粘液を出すところがあり、そこにアリなどが付着しますが、食虫植物ではありません。繁殖力が高く、空き地などでよく雑草化しています。*Silene*属には約700の種があると言われ、シラタマソウ(*Silene vulgaris*)も鑑賞用に栽培されます。

1ムシトリナデシコ
2シラタマソウの園芸品種

ムラサキハナナ

アブラナ科　*Orychophragmus violaceus*

和名はオオアラセイトウですが、ショカツサイとも呼ばれます。草丈50㎝程度で紫色の４弁の花を穂状につける越年草です。種子でよく繁殖し、線路沿いなどでよく雑草化しています。開花期は長く、丈夫であまり大きくならないため、もっと鑑賞用に大規模に栽培されてもよさそうな植物です。葉は食用となり、種子は油を取る原料となります。

1 ムラサキハナナ

ハナニラ

ヒガンバナ科　*Ipheion uniflorum*

ニラに似た葉を持ち、葉を摘んだ時の匂いもニラに似ていますが、花は６弁の大きな花で、草丈10㎝程で広がる球根植物です。ネギ亜科に属し、ニラ（*Allium tuberosum*）に比較的近いですが、別の属です。かつては、ユリ科に分類されていましたが、今はヒガンバナ科に入っています。種子でよく繁殖し、あちこちで生えてきます。一度生えるとそこに残って毎年大きくなり、他の植物に負けず、虫害もないので、注意しないと広がる一方です。南米原産で、ヨーロッパやオーストラリアでは雑草化しているようです。ニラと同じように食べられるといいのですが、有毒で、食べると下痢を起こすそうです。

1 ハナニラの花　2 芝生の中で雑草化するハナニラ　3 ブロックの隙間の芽生え

ホウキグサ

ヒユ科　*Bassia scoparia*

和名はホウキギで、*Bassia*属ですが、古い属名がコキアであったので、コキアとも呼ばれる一年草です。細い葉を持ち、地上部が自然に丸い形になり、夏は黄緑色で、秋は茎葉が赤くなるので、その姿と色を鑑賞するために、公園などでよく栽培されます。この実は「とんぶり」と呼ばれて食用とされます。こぼれ種でよく生えてくるので、適当に間引くだけできれいに育てることができます。

1紅葉するホウキグサ
2砂利の庭で雑草化する幼苗

ムスカリ

キジカクシ科　*Muscari armeniacum*

4月頃にブドウの房を小さくしたような青紫色の花を咲かせる球根植物です。極めて丈夫で、球根が分球してよく増えますが、種子でも増えて庭のあちこちに生えてきます。植えっぱなしで毎年花を咲かせてくれるので、手間いらずです。ラベンダーやネモフィラ（➡155ページ）よりも濃い青紫で、集団で花を咲かせる丈夫な植物は他にあまりないことから、公園などで大規模に栽培されてもよさそうな花です。

1春に咲くムスカリの花
2秋にキクの隙間で広がるムスカリの葉

マツバギク

ハマミズナ科　*Lampranthus spectabilis*

1マツバギク

　草丈10㎝以下で地面を這って育つ多肉植物で、6月頃から夏の間にかけて赤紫のツヤのあるキクのような花を多数咲かせる多年草です。高温や乾燥に強いですが、寒さや水分過多にはあまり強くなく、日陰には適しません。また、踏まれるのには弱いです。同じ株が何年も残ってよく広がりますが、種子ではあまり繁殖しません。よく見られるのは赤紫の花ですが、白やオレンジ色の品種もあります。ただ、白やオレンジ色の品種はあまり強くないようで、よく咲いているのを見るのはいつも赤紫の花です。

ルドベキア

キク科　*Rudbeckia*

　オオハンゴンソウ（*R. laciniata*、➡116ページ）のところでも述べましたが、ルドベキアという名前で様々な鑑賞植物が販売されており、それぞれの種名を同定するのは難しいです。8～9月に、黒色の縦長で丸い筒状花の集合体の周りに黄色い舌状花が一重でつく花を上向きに咲かせるのがほとんどですが、桃色の花もあります。鑑賞用には、オオハンゴンソウより草丈が1m程度と低いアラゲハンゴンソウ（*R. hirta*）や*R. fulgida*の品種が多いようで、前者は二年草、後者は多年草です。アラゲハンゴンソウは道端でもよく生えています。

1鑑賞用のルドベキア　2ルドベキアの小型品種

コレオプシス

キク科　*Coreopsis*

オオキンケイギク（➡87ページ）と同じ*Coreopsis*属の花で、古くから栽培されているハルシャギク(*C. tinctoria*)は越年草です。シダのような葉を持ち、早春までは根生葉でロゼット状に育ち、５月頃に草丈50～80㎝に伸びて、黄色で中心が茶色の一重の花を咲かせます。イトバハルシャギク(*C. verticillata*)は多年草で、細い葉をつけて黄色の花を草丈20～60㎝程で咲かせます。イトバハルシャギクは放任で毎年花を咲かせます。*Coreopsis*属には40以上の種があり、鑑賞用に栽培されるものが多いです。

1 雑草のように生えるイトバハルシャギク

エゾミソハギ

ミソハギ科　*Lythrum salicaria*

夏に１㎝程の赤紫の花を穂状につけて草丈１m程になる多年草です。放任で毎年出てきて花を咲かせるので、手がかかりません。サクラソウ（➡154ページ）のように異形花不和合性を持っていますが、珍しい三形花型で、長花柱花、中花柱花、短花柱花の３種類の植物があり、同じ型の花同士の交雑では不和合で、異なる型の花の間での交雑で種子ができます。冬に枯れますが、地下部が残っていて、春に芽を出します。種子でもよく繁殖します。日本にはもともとあるものですが、北米等でこの繁殖が問題となり、「世界の侵略的外来種ワースト100」の中の１つとされています。

1 エゾミソハギ

アゲラタム

キク科　*Ageratum houstonianum*

カッコウアザミという和名がありますが、草丈20～30㎝程でこんもりと育ち、薄紫か白色のアザミを小さくしたような花を秋に多数つける一年草です。こぼれ種で発芽してくるので、それを間引きし、あるいは移植して栽培すれば、毎年同じように咲かせることができます。植物体がアルカロイドを多く含み、毒性があります。様々な国で侵略的な雑草となっています。

1アゲラタムの花
2アゲラタムの幼苗

フウロソウ

フウロソウ科　*Geranium*

フウロソウの仲間の*Geranium*属植物は、400以上の種があり、薬草となるゲンノショウコ（*G. thunbergii*）の他に、ハクサンフウロ（*G. yesoense*）など多数の種が日本の山野に自生します。また、海外の様々な園芸品種があります。いずれも多年草で、放任で毎年開花します。暑さや乾燥には強くないので、木陰や家の北側で風通しよく、あまり乾燥しないところで栽培するのがよいでしょう。

1フウロソウの園芸種
2ゲンノショウコの花
3ゲンノショウコの幼苗

オルレア

セリ科　*Orlaya grandiflora*

オルレア「ホワイトレース」はニンジンに似た植物で、バラが咲く頃に大きい白い花弁の花を咲かせるので、バラの引き立て役として切り花に使えます。ただ、たくさんの葯(やく)が落ちるのが欠点です。越年草で、種子でよく増え、庭で雑草化します。ホワイトレースフラワー（*Ammi majus*）と呼ばれる植物と名前も見かけも似ていますが、属が異なり、少し縁が遠いようです。

1オルレア
2オルレアの幼苗

ワスレナグサ

ムラサキ科　*Myosotis scorpioides*

1園芸用として市販されるワスレナグサ（種間交雑種）　2自然に生えてくるワスレナグサは花が小さい

ワスレナグサは英名forget-me-notとも呼ばれ、歌でもよく知られる植物です。ただ、これにはいくつかの種があり、ヨーロッパから明治時代に導入された種と、日本在来のエゾムラサキ（*Myosotis sylvatica*）があります。4月頃に草丈20㎝程で空色の小さな花を穂状に多数咲かせる多年草ですが、夏の暑さには弱く、種子で増やす越年草として栽培されます。近年園芸用として市販されるものは種間交雑種で、昔のワスレナグサに比べて花がかなり大きくなっています。自然に生えてくるワスレナグサは、花が小さくなります。

似た植物としてキュウリグサ（*Trigonotis peduncularis*）がありますが、これは属が違います。ただ、ワスレナグサとキュウリグサは大変区別しにくく、花の大きさが違いますが、花の大きさは一般に種内での変異が大きい特性であるため、この特性での識別は困難です。

ヤマブキソウ

ケシ科　*Hylomecon japonica*

　4月に草丈20㎝程で黄色の径5㎝程の花を咲かせる多年草ですが、種子でもよく増えます。害虫がつくことがほとんどなく、放任でよく咲きます。日陰で水分が多いところに適しています。学名が*Chelidonium japonicum*とされることがあり、これではクサノオウ(➡77ページ)と同じ属になります。クサノオウと同じように有毒です。

1木陰によく咲くヤマブキソウ

ヒナギク

キク科　*Bellis perennis*

　春に草丈10㎝程で赤、ピンク、白の花を咲かせ、デイジーとも呼ばれる一年草で、こぼれ種で自然に生えてきます。北海道など冷涼な地域で雑草化しているようです。これの原種が芝生の主要な雑草となっているのをイギリスで見たことがありますが、この原種のような植物も鑑賞用に市販されています。

1雑草のように生えるヒナギク。ドクダミやヒメオドリコソウ、タンポポの葉が見える

スズラン

キジカクシ科　*Convallaria majalis*

春に白い香りのよい花をつけるので、多くの人に好かれる花です。北海道によく自生しますが、東北でも庭でよく繁殖します。根茎で広がり、秋に赤い実もなり、種子でも増えます。この実は美味しそうですが、毒があります。スズランはアレロパシーも示すようで、確かにスズランが固まって生えているところでは、雑草はあまり生えません。暖地には適しませんが、東北以北では放っておくとどんどん広がる手のかからない花です。

1スズラン

クロッカス

アヤメ科　*Crocus*

早春に花を咲かせるクロッカスと呼ばれる花には複数の種があります。紫や白の大きな花を咲かせるのは*Crocus vernus*の園芸品種、これらより早く開花して花が小さい種類は*Crocus chrysanthus*の品種です。黄色のクロッカスは「イエロージャイアント」(種名不明)などの品種で、これらは球根で繁殖します。「イエロージャイアント」は種子ができませんが、他の２種はよく種子ができ、種子でも増えます。花が咲き終わってもそのまま放置すると、地際部が太ってきて、中に薄茶色の３㎜程の種子ができるので、それを取ってすぐに播くと春に芽が出てきます。芝生の中でもよく生え、シバが育つ頃には枯れるので、邪魔になりません。秋に花を咲かせ、雌しべがご飯の着色に使われるサフラン（*C. sativus*)も同じ属です。

1クロッカス「イエロージャイアント」は不稔　2紫のクロッカスは種子でよく増えて、芝生の雑草になる　3クロッカス・クリサンサス

オダマキ

キンポウゲ科　*Aquilegia flabellata*

紫色の美しい花を下向きに咲かせる多年草です。種子から育った株がそのまま数年残りますが、根茎やランナーなどで広がったりはしません。種子が多数でき、自然に生えてきて、よく広がります。暑いところには適しておらず、家の北側や落葉樹の木陰で風通しの良いところがよさそうです。オダマキも毒性のある植物です。

1オダマキの花
2オダマキの莢
3オダマキの芽生え

フクジュソウ

キンポウゲ科　*Adonis ramosa*

正月の縁起の良い植物として、加温して早く出させた蕾を持つ株が販売される多年草ですが、種子でよく増え、普通は3月頃に開花します。庭のあちこちに芽を出してきますので、移植したりせず、そのままで生育させます。フクジュソウは有毒植物で、あまり害虫はつきませんが、花が終わった頃に黒いハムシが多数ついて葉をほとんど食べてしまうことがあるので、粒剤の殺虫剤を株元に撒いておいて防ぎます。

1フクジュソウ

シソ

シソ科　***Perilla frutescens***

シソはこぼれ種でよく出てくる一年草で、一度栽培すると、あとは種子や苗を買わなくても、毎年育てることができます。病気にならず、害虫もほとんどつかないため、放任で野菜を収穫できます。日向でも日陰でも育ち、特に場所は選びませんが、水分が多い方がよさそうです。シソには大葉として食用にされるアオジソと、梅干しなどの着色に用いられるアカジソがあります。種子が油の原料とされるエゴマは、これらアカジソやアオジソと同じ種で、雑種が容易にできます。エゴマは、シソよりも種子が大きく柔らかくて潰しやすいという特性があります。

1アオジソ　2アカジソ　3アオジソの花

アスパラガス

キジカクシ科　*Asparagus officinalis*

アスパラガスは秋に赤い実がなり、それが鳥に食べられて種子が運ばれるようで、これまでアスパラガスを栽培したことがない庭で勝手に生えてきたりします。アスパラガスは多年草ですが、種播きで栽培し、4年目ぐらいから収穫されます。根茎で横に伸びたりはせず、毎年同じところで芽を出して株立ちになるので、株分けは労力がかかるためです。アスパラガスには雄株と雌株があり、種子を播くとほぼ1対1に出てきます。雌がXX型、雄がXY型である点はヒトと同じですが、はっきりした性染色体はありません。雄の方が太いシュートを出すので、YY型の雄を作って雌（XX）に交配し、全て雄(XY)が出てくる種子も作られています。

1アスパラガス

ニラ

ヒガンバナ科　*Allium tuberosum*

ニラは多年草で、同じところで毎年葉を出すので、一度植えればずっと収穫できます。白い花を咲かせて、黒い種子ができるので、これを播いて増やすこともできます。この種子は、花粉が受粉して、受精してできる普通の種子ではありません。セイヨウタンポポ（➡54ページ）のように、母親と同じ遺伝子型のものがそのまま種子で増えるアポミクシスと呼ばれる現象でできる種子です。病気にならず、害虫もつかないので管理が大変楽な野菜です。しかし、スイセン（➡149ページ）やハナニラ（➡156ページ）の近くに植えて、それらを混ぜて収穫しないように注意してください。

1雑草化するニラ

ヤマノイモ

ヤマノイモ科　*Dioscorea japonica*

　ヤマノイモはヤマイモとも言われ、長芋や平らに広がったイチョウ芋、丸い丹波芋、伊勢芋など、様々な形があります。栽培しているものではなく、自然に野山に生えるものをジネンジョ（自然薯）と呼びます。ヤマノイモも雄株と雌株があります。しかし、その間の交配で種子で増えるのは稀で、大抵はムカゴで増えて、あちこちで雑草化します。雑草化したものは自然薯ですが、イモを掘り取るのが大変です。イチョウ芋や丸い丹波芋なら収穫が楽です。

1 雑草のように生えるヤマノイモ
2 ヤマノイモのムカゴ（矢印）

トマト

ナス科　*Solanum lycopersicum*

　トマトが雑草のように生えると言うと意外に思われるかもしれませんが、直径2～3㎝程の小さい果実のトマトは、日本の南西諸島や東南アジアで雑草化しています。ミニトマトを栽培すると、果実を取り忘れることがあり、熟した果実が地面に落ちて、翌年によく発芽してきます。大果のトマトではこのようなことはあまりありません。また、今の品種は一代雑種品種（F_1ハイブリッド）なので、こぼれ種で生えてきたものはF_2になっており、様々な特性が分離するので、大果のトマトでは栽培するに値する良いトマトはなりません。しかし、ミニトマトでは、こぼれ種で生えたものでも、まあまあのトマトが採れます。

1 果実が落ちて雑草化しやすいミニトマト

菜類

アブラナ科　*Brassica rapa*

　コマツナやミズナなどの菜類や、「飛騨紅丸カブ」「聖護院カブ」などのカブ、江戸時代まで油を取るために栽培したナタネは、ハクサイと同じ種（*Brassica rapa*）で、和名はアブラナです。明治時代に海外から導入された菜種油用の植物はセイヨウナタネ（*Brassica napus*）で、種が違いますが、これも若葉は野菜とされます。これら2種は、花が咲くと菜の花と呼ばれ、種子がなるまで置いておけば夏から秋に発芽してくるので、放任で野菜がとれます。セイヨウナタネは、種子を取って播けば親と同じものができますが、菜類やカブ、ハクサイは、特性が分離します。ハクサイでは、こぼれ種で出てきた苗からはまともなハクサイは採れませんが、菜類やカブなら、まあまあのものが採れます。

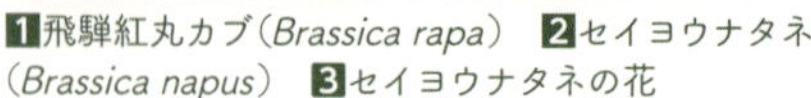

1飛騨紅丸カブ（*Brassica rapa*）　**2**セイヨウナタネ（*Brassica napus*）　**3**セイヨウナタネの花

ダイコン

アブラナ科　*Raphanus sativus*

日本の海岸にはダイコンが雑草化しています。海岸に生えるダイコンはハマダイコンと呼ばれ、根はほとんど太りません。これは、日本で栽培されていたダイコンがエスケープ（生物が人間の管理から逃げ出すこと）して海岸に広がったものと考えられていましたが、最近のDNA分析の研究により、海外から海を渡って流れてきたものと推測されており、議論があります。ダイコンの莢は種子を持ったまま水に浮くので、ヤシの実と同じように遠い国から流れ着いてもおかしくないでしょう。

オーストラリアや米国では、セイヨウノダイコン（*R. raphanistrum*）が雑草化しています。これは栽培ダイコンとほぼ同種ですが、莢がくびれていて折れやすいなど、ハマダイコンよりも野生植物としての特性を多く持っています。ダイコンは、アブラナやセイヨウナタネ（➡168ページ）、カラシナ（➡89ページ）と違って、種子が莢から出にくいです。

1 栽培ダイコン
2 ハマダイコン（写真提供／北柴大泰氏）

イチゴ

バラ科　*Fragaria × ananassa*

　イチゴが果物か野菜かと言うと果物ですが、生産する側から見ると、果樹ではなく野菜として扱われます。バラ科の多年草で、ラズベリー（*Rubus idaeus*）などとは近縁ですが、草本性でランナーで広がります。普通、秋に苗を買って植え付け、春に収穫しますが、苗を低温処理して秋に花を咲かせ、温室で年末から収穫する促成栽培が広く行われています。四季成り性の品種もあり、高冷地では夏から秋にも収穫できます。ランナーで広がった子株を秋に定植して、また翌春に収穫できますが、年々株も果実も小さくなります。それはウイルスに感染して、植物が弱ってくるためです。そのため、ウイルスフリーの苗が生産されています。これは、ランナーの先端の成長点のところを無菌状態で0.3～0.5㎜の大きさに切り出し、寒天培地で育てて作ります。イチゴの生産農家は、ウイルスフリーの苗を栽培します。しかし、自然に増えてきたものでも、それなりに果実ができるので、数年は自然に増えた株で果実を収穫できます。

　ヘビイチゴ（*Potentilla hebiichigo*）やキジムシロ（*Potentilla fragarioides*）はイチゴによく似ていますが、これらは属が違います。

1ランナー（矢印）で広がるイチゴ　**2**イチゴのランナー　**3**芝生の雑草になっているヘビイチゴ

ミツバ

セリ科　*Cryptotaenia canadensis*

家の北側など、日陰で湿ったところに一度植えると、毎年種子を落として発芽してきます。栽培しても、葉を少し摘むだけなので、よく花を咲かせて種子をつけます。セリ科の一年草ですが、同じセリ科のパセリ（*Petroselinum crispum*）は、こぼれ種で広がった経験がありません。地中海原産のパセリと、日本や東アジア原産のミツバの栽培適地の違いによるのでしょう。

1 雑草のように生えるミツバ。シロツメクサ、スズメノカタビラ、スギナも見える

モロヘイヤ

アオイ科　*Corchorus olitorius*

日本で野菜として利用されるようになったのは新しいですが、地中海沿岸やインドでは古くから食べられていたようです。粘りのある野菜で、オクラなどとともに、いかにも体に良さそうです。ただし、果実は毒があるので、誤って可食部の茎葉と混ぜてしまわないよう注意が必要です。一年草ですが、知らない間に花が咲いて、翌年発芽してきます。ただ、茎葉の形が似た雑草が多いので、雑草と誤って抜いてしまいそうです。

1 雑草のように大きくなるモロヘイヤ

タイム

シソ科　***Thymus***

イブキジャコウソウ（*Thymus quinquecostatus*）が日本にもともとあるタイムですが、海外のタイムの仲間がハーブとして栽培されています。料理用のハーブとしてよく用いられるのは、コモンタイム（*T. vulgaris*）で、10～20㎝程の高さで葉を密集させ、5月頃に白や桃色の小さな花を多数咲かせます。同じ属には350程の種があり、クリーピングタイム（*T. serpyllum*）は、草丈10cm程で地面を這い、5月頃に小さなピンクや白の花を密集して咲かせ、葉はいい香りがします。ウーリータイム（*T. pseudolanuginosus*）も、グランドカバーとして人気があるようです。これらもタイムという名前で販売されており、外来植物が多いので、それがどの種に当たるのかを明らかにするのは難しいです。タイムが地表を覆うと、ほかの雑草が生えてきません。また、これまで生えていた植物も、タイムが広がると弱っていきます。

1 コモンタイム
2 クリーピングタイム

セージ

シソ科　***Salvia***

セージにはいくつか種類がありますが、コモンセージ（*Salvia officinalis*）が古くから薬用に用いられたセージです。他に、青紫の花を穂状に咲かせるメドーセージ（*S. guaranitica*）、赤い花を咲かせるチェリーセージ（*S. greggii*）、柔らかい毛に覆われて赤紫の花を咲かせるアメジストセージ（*S. leucantha*）などがあり、どれも多年草です。アメジストセージは寒さに弱いですが、その他は耐寒性があり、冬には枯れますが、毎年放っておいても春に芽を出します。しかし、大きくなりすぎることがあるので、こまめな刈り取りが必要です。秋の花壇用の一年草であるサルビア（*Salvia splendens*）も同じ属です。

1コモンセージ　2メドーセージ
3アメジストセージ

バジル

シソ科　***Ocimum basilicum***

バジルは葉をそのまま食べることが多いので、シソ（➡165ページ）やミツバ（➡171ページ）と同じく野菜に含めてもよさそうですが、ハーブとして扱われます。草丈30㎝程度のシソを小さくしたような植物で、日本では越冬できないので一年草です。種子がこぼれて翌年春にも出てくるので、シソと同じように管理すればよいでしょう。同じ属に60以上の種があり、様々な国でハーブとして利用されています。東南アジアでよく料理に使われるレモンバジル（*O.* × *citriodorum*）は、バジルとアメリカンバジル（*O. americanum*）の種間雑種です。

1バジル　2バジルの花

ミント

シソ科　*Mentha*

　ミントも様々な種類があります。日本のミントとしては、ニホンハッカ（*Mentha canadensis*）がありますが、一般にミントというと、スペアミント（*Mentha spicata*）やペパーミント（*Mentha × piperita*）のことを言います。ペパーミントはスペアミントとウォーターミント（*Mentha aquatica*）の雑種と言われています。*Mentha*属には600以上の種があるようですが、種間の雑種ができやすいので、種名の整理が必要と思われます。多年草で、雑草のように繁殖しますが、種子でも増えます。葉が柔らかい毛に覆われて、きれいな花を咲かせるキャットミント（*Nepeta × faassenii*）は属が違います。

1ペパーミント
2ハッカ
3キャットミント

サンショウ

ミカン科　*Zanthoxylum piperitum*

　サンショウは、葉も実も香辛料として利用される灌木です。特に、中国の四川料理ではこの実がよく使われ、独特の舌が痺れる感覚は、これによるものです。鳥が糞とともに種子を落とすようで、あちこちで雑草のように生えてきます。1本ぐらいは植えておいてもいいでしょうが、鋭いトゲがあり、たくさん発芽してくるので、小さいうちに抜いておいた方が無難です。ただし、雄株と雌株があるので、実を収穫したいなら、雌株であることを確認してから残した方がよいでしょう。

1サンショウ

手間をかけない
草取りの工夫

草刈り機（刈払い機）

田畑の周囲や空き地、道路脇などの草刈りには、刃がついた金属の円盤を回転させて草を刈るエンジン式の刈払い機（写真31）がよく用いられます。これを使えば、セイタカアワダチソウやススキのような、茎が硬い雑草の草刈りも可能です。しかし、作業に危険を伴うので、農家や草刈り作業員など、よく草刈りをする専門の人でないと扱いにくい機械です。

一番危険なことは、大きな石など硬いものに刃が当たると、跳ね返されてバランスを崩し、円盤が近くにいる人に当たり、大けがをさせることです。石に当たると火花が出ます。エンジン音が大きいので、後ろに人が来た時に気づきません。小さな石に当たると、その石を跳ね飛ばします。そのため、周囲５ｍ程には人がいないことを確認しながら作業する必要があり、石など硬いものに当てないように注意する必要もあります。

写真31　刈払い機（写真提供　北柴大泰氏）

円盤の刈払い機の危険性を低下させるため、金属刃の代わりにナイロンの紐を回転させる刈払い機もあります。これは石に当たって跳ね返されることはありません。そのため、ブロック塀などの障害物のあるところでも使えます。しかし、硬い茎は切れません。また、細かい石が飛んでくることは、金属刃を使うより多いようです。

エンジン式は紐を引っ張って起動しますが、なかなかかかりにくいことがあります。使用後、長い間放置して手入れをしていないと、動きにくくなります。その点、電動のものは楽です。しかし、力はエンジン式に及びません。また、電源があるところでないと使えませんし、常にコードを引っ張りながら作業しなければならず、コードを切ってしまう危険性もあります。充電式のものもありますが、1回の充電で30分程度と、エンジン式ほど長時間は使えません。

刈払い機にも様々なタイプがあり、草刈りをしたい場所や刈りたい植物に応じて選ぶことが必要です。家の庭で使う時は、電動コード付きのナイロン紐タイプで十分です。家から遠くなり、刈り取る面積が広く、刈る雑草が大きくなるにつれて、充電式ナイロン紐タイプ、充電式金属刃タイプ、エンジン式ナイロン紐タイプ、エンジン式金属刃タイプというように、パワーや価格と扱う難しさを高めていくのがよいでしょう。

芝刈り機

芝刈り機には、手押し式と電動式、エンジン式があります。手押し式は、らせん状の刃が付いたローラーを回転させて葉を切るもので、少し力がいりますが、狭いところなら十分使えます。どこでもすぐに使え、機械が安価で軽いという手軽さがあります。しかし、シバが伸びてしまうと刈りにくくなり、雑草が多くて無理に刈ろうとすると、詰まって動かなくなったりします。そうならないよう、シバも雑草も小さなうちに使うことが必要です。

一般的なのは電動式で、固定した刃と回転する刃でハサミのように葉を切るタイプ（写真32）です。芝刈り機が前進しながら刃を回転させてシバを刈り、後方の袋に入れます。これだと、シバが多少伸びても、詰まって動かなくなることはありません。

らせん状の刃のローラーを回転させるタイプも電動式があり、ギザギ

写真32　芝刈り機

写真33　ヘッジトリマー（左）とハサミ（右）による芝刈り

ザの刃を左右に動かして草を刈る電動バリカン型もあります。電動バリカン型は軽く手軽に扱えますが、高さを均一に揃えて平らに刈るには適しておらず、狭いスペースを刈るのに適しています。生垣などの形を整えるヘッジトリマーは電動バリカン型と似ており、これでも狭い面積の芝刈りには使えます（写真33）。

電動型は、電源があるところでしか使えません。コードを引っ張っていかなければならないし、コードを切らないよう注意して動こうとすると、あまり効率的な動きができません。

3つのタイプのいずれも充電式のものがありますが、使える時間が限定されます。エンジン式であれば、コードを引っ張らず、長時間の作業が可能です。ただし、大型かつ高価になるので、広いところの芝刈りに適しています。植木やブロックのすぐ近くなどの特に狭いところでは、ハサミを使います。

防草シート

野菜畑では、マルチを張って雑草を防ぐことを紹介しました（⬇138ページ）。マルチを張れば確かに雑草は防げますが、黒やシルバーで見栄えは大変悪いです。水が染み込まない上に、マルチが長持ちしないので、毎年交換しなければなりません。これらの問題を解決するため、様々な防草シートが開発されています。色は大抵のものが緑色で、水が浸透するよう不織布などが使われています（写真34、35）。

また、耐用年数が5～10年あります。ただし、紫外線で劣化するので、それほど保たないこともあります。ササやススキなどのような強力な植物の芽が出てきて破れたりして、防草シートを張ってあるのに草が繁茂しているところも見かけます。耐久性は商品によってかなり違い、耐久性が高いものは高価です。また、高価なものであっても、見栄えの悪さは否めません。

防草シートは紫外線で劣化しやすいので、シートを敷いてからその上に砂利を敷く方法もあります。この場合は良い砂利を使えば見栄えは良く、商品に示されている耐用年数は十分もつでしょうが、張り替えの工事が大変です。また、砂利を敷くので、夏に暑くなります。水分が多ければ、コンクリートを張るよりは暑さはマシですが、コケや雑草が生えやすくなります。

人工芝を庭に張るという対策もあります。こちらの方が防草シートよりは見栄えがいいですが、より高価であり、狭い庭にしか使えません。

写真34　防草シートで覆われた庭

写真35　防草シートの穴から生えるスギナ（左）とオオキンケイギク（右）

また、通常、直接地面に張るわけではなく、下に防草シートを敷きますので、その分の費用もかかります。きれいな人工芝も開発されていますが、所詮は造花と同じように作りものであるため、本物には及びません。

雑草を抑制する植物

植物が何らかの化学物質を出して他の生物に影響を及ぼすことをアレロパシーと言い、他の植物の成長を抑制するアレロパシー作用を持つ植物が多いです。そのような植物を植えておけば、あまり雑草が生えない庭や空き地にすることができます。

アレロパシーを示す植物として、よく知られているのがセイタカアワダチソウです。セイタカアワダチソウの根から、他の植物の種子の発芽を抑制する物質が出ていることがわかっています。セイタカアワダチソウ自身の種子の発芽も抑制するようです。

ヨモギも同様の作用があることが知られています。イタドリやナガミヒナゲシもアレロパシーを示すようです。しかし、これらの植物は「侵略的外来種ワースト100」に含まれていたりするので、それらを庭や空き地で繁殖させて雑草防除するのは考えものです。

ドクダミも、他の植物の成長抑制作用があることが実験的にも示されており、繁茂しているところには他の雑草はあまり生えません。ドクダミは雑草として紹介していますが薬草であり、外来植物ではなく、草丈が低く白い花も咲くので、庭で育てているところもよくあります（写真36）。

ヒメイワダレソウ（*Phyla canescens* クマツヅラ科）は、レタスの根の伸長阻害活性や様々な植物の種子発芽抑制作用が確認されており、アレロパシーの原因物質も明らかにさ

写真36　雑草に負けず、それなりにきれいなドクダミ

れています。草丈5～15㎝で地面を這うように広がる植物なので、雑草防除のためのグランドカバーとして使えます。種子はほとんどできないようですが、南米原産のこの植物がオーストラリアやフランスで雑草化しているという報告があります。

スズラン（*Convallaria majalis* キジカクシ科）やシラン（*Bletilla striata* ラン科）もアレロパシー活性が実験的に示されていますが、これらは雑草防除に使えるほどの繁殖力がありません。ディコンドラ（*Dichondra micrantha* ヒルガオ科）もシバのように広がる匍匐性の植物で、雑草の抑制効果があるようです。ヘアリーベッチ（*Vicia villosa*）はカラスノエンドウに似た植物で、草丈は50㎝程で、果樹園や耕作放棄地などの雑草防止に利用されています。

ハーブのタイムもアレロパシーを示します。タイムが広がっているところでは雑草が生えてこず、これまで生えていた植物も弱っていくのを経験しています。ハナニラもアレロパシー効果があるように見えます。

写真37　クリーピングタイムで覆われる庭。雑草はほとんど生えず、生育旺盛であったスイセンも弱って花が咲かない

ハナニラの葉が生えている時は、そこには他の植物は生えませんし、夏に花がなくなっても、雑草がほとんど生えてきません。タイムもハナニラも広がるには年数が必要ですが、草丈が低く、花もきれいなので、雑草防止のグランドカバーとして適していると思われます（写真37）。

草食動物の飼育

広い場所であれば、人力ではなく動物の力を借りるのも1つの方法です。奈良の公園は、樹木の下は草原になっていてきれいに見えますが、それはシカがいるからです。シカが大きくなるイネ科やキク科の雑草を食べてくれます。スイスのマッターホルンやユングフラウの周囲の草地

もきれいに見えますが、そこではウシやヤギなどを飼っているからで、日本の高山のような本当の自然ではありません。

イギリスではヒツジを飼いすぎて、自然の山がなくなってしまったと言われています。しかし、人間にはそれがむしろ快適な緑地に思えるところがあります。原生林のような完全に自然が残っているところよりも、ゴルフ場のようなところの方が快適に感じてしまいます。鬱蒼とした原生林は、確かに本当の自然が残ってはいますが、ヘビや蚊、ヒル、ハチ、ダニなど不快な動物が多く、ある程度人工的なところの方が安心感があります。草食動物に草を食べてもらえば、奈良公園やゴルフ場のような広場を容易に作ることができます。ただし、そこら中に糞が落ちていることになりますが。また、奈良公園のアシビのように、毒のある木や草が残ってしまいます。

庭のような狭いところでは、小型の草食動物がよいでしょう。大きさや可愛さから、ウサギが最適でしょう。ウサギは糞も小さく硬くて、あまり臭くありません。ウサギの数に対して面積が広すぎると、雑草の生育を十分に抑えられず、反対に面積が狭すぎると人工飼料も与えないと食物不足になります。1羽のウサギにはどれくらいの面積が最適なのかは研究が必要です。地域の気温や降水量、日当たり、生えてくる雑草の種類によって異なるので、なかなか信頼できる結果は出せないでしょう。庭や空き地でウサギを飼うと、逃げないようにとか、他の動物に襲われないようにとか、いろいろ気苦労はあるでしょう。佐渡の寺には、「草取りうさぎ」というのがいるそうで、参考になりそうです。

除草剤

初夏になると、ホームセンターだけでなく食料品を扱うスーパーマーケットでも様々な除草剤が販売されます。一方、除草剤というと、危険だというイメージをお持ちの方が多いと思います。

ベトナム戦争で枯葉剤として使用された除草剤の2,4,5-T（2,4,5-トリクロロフェノキシ酢酸）には、発がん性や催奇性が高いダイオキシンが夾雑物として含まれ、問題となりました。かつてよく水田で使われた除草剤のＰＣＰ（ペンタクロロフェノール）は、残留性が高く、魚毒性が強いものでした。残留性が低く即効性があるので、これらの後によく用いられたパラコート（商品名「グラモキソン」）は、毒性が強く、自殺に使われたりして問題となりました。いずれも今は除草剤として販売されていません。

除草剤だけでなく殺虫剤もそうですが、農薬はかつては恐ろしいものでしたが、研究が進み、比較的安全性が高いものに変わってきています。しかし、化学的に合成されたものであり、完全に安全というわけではありません。一方、植物由来の成分だから、あるいは微生物由来だから安全、というわけでもありません。植物にも微生物にも危険なものは多数あります。

販売されている除草剤の中からどれを選ぶか判断に困った時は、まず、有効成分が何であるかを調べることが重要です。容器の裏側に、大抵小さい字で書いてあります。それをインターネットで検索し、どういう植物に効果があるか、即効性か遅効性か、地上部だけ枯れるか根まで枯れるか、残留性はどの程度か、人畜への毒性はどの程度かなどを調べることをお勧めします。

有効成分の表示がないものは、効果が低いものか怪しいものとして、避けた方がよいでしょう。また、農薬でないものが安全なわけではありません。農薬として登録されているものは、効果と安全性が科学的に評価されたものなので、そちらの方がむしろ信頼性が高く、農薬として登録されている除草剤をお勧めします。

最もよく販売されている除草剤が、グリホサートという化学物質が有効成分のものです。モンサントという米国の農薬会社が「ラウンドアップ」という製品名で販売していますが、グリホサートの特許の有効期限が過ぎ、様々な名前でジェネリックの農薬が市販されています。「ラウンドアップ」もよく売れている除草剤ですが、ジェネリック農薬もこれだけ多く販売されているということは、その有効性が高いことを示しています。これは、植物が持ち動物にはない芳香族アミノ酸（トリプトファンなど）合成経路で働く酵素の阻害剤で、これを茎葉から吸収すると、植物体全体が枯れます。雑草の種類にかかわらず効果があり、根茎や根が残って広がる雑草にも有効です。グリホサート耐性の微生物の酵素の遺伝子を導入してグリホサート耐性にした遺伝子組換えダイズが、海外で広く栽培されています（後述）。

グリホサートと似た名前で、グルホシネート（商品名「バスタ」）という除草剤もあり、これもグルタミンというアミノ酸の合成に関わるグルタミン合成酵素を阻害する薬剤です。グルタミンは、グルタミン酸とアンモニアから合成されますが、グルタミン合成酵素が働かないとアンモニアが貯まり、アンモニアの害により植物が枯れます。グルホシネート耐性の遺伝子組換え作物も栽培されています。スルホニルウレアという除草剤は、別のアミノ酸の合成に関わる酵素を阻害します。

2，4－D（2，4－ジクロロフェノキシ酢酸）は植物ホルモンと同じ作用を持ち、濃度が低いと成長促進効果がありますが、植物が高濃度で吸収すると、成長が異常となり枯れるので、除草剤となります。双子葉植物は2，4－Dに感受性が高くよく枯れますが、イネなどの単子葉植物は感受性が低いので、古くから水田の除草剤として使用されてきました。2，4－Dに似た作用があるものとして、MCPP（α（2－メチル－4－クロロフェノキシ）プロピオン酸カリウム、メコプロップ、商品名「スコリティック」等）があり、ゴルフ場などで芝生の雑草防除に利用されています。雑草の発芽を阻害する働きがあるトレファノサイドなどの除草剤もあります。トレファノサイドは単子葉植物のイヌビエに効果があります。

「はじめに」で、昔は田の草取りが農家にとって最も大変な仕事であったと書きましたが、今は水田の管理は随分楽になりました。イネを枯らさず他の植物を枯らす除草剤の開発のおかげです。田植え直後に散布する除草剤として、何種類かの除草剤を混合したものが市販されています。これは、大きくなっているイネには害がなく、まだ水面下にいるイヌビエなど他の雑草を枯らすことができます。1回散布するだけでかなりの期間効果があり、最初に使うだけなので、収穫期までは除草剤は残らないため優れています。

除草剤は、規定の倍率に水で希釈して、噴霧器で雑草の茎葉に散布するのが普通です。ジョウロで土に撒く場合や、粒剤を散布する場合もあり、その除草剤の適用法に従うことが必要です。また、除草剤散布用の噴霧器と、殺虫剤や殺菌剤用の噴霧器とは別にしておきます。

除草剤耐性植物

米国やブラジル、アルゼンチン、カナダなどでは、遺伝子組換え作物が広く栽培されています。遺伝子組換えで作物に与える特性として、最も広く利用されているのが除草剤耐性です。ブラジル、アルゼンチンで栽培される遺伝子組換え作物のほとんどは、除草剤耐性遺伝子組換えダイズであり、カナダで栽培されるのは除草剤耐性遺伝子組換えナタネです。米国では、除草剤耐性ダイズとともに、耐虫性の遺伝子組換えトウモロコシが広く栽培されています。このように、遺伝子組換え技術を使って作物に与えたかった最も重要な特性が除草剤耐性であったということです。

実際、ダイズやナタネの栽培は、雑草対策が大変で、除草に大変な労力とコストがかかります。除草剤を散布して栽培すれば、かなり楽になります。このような遺伝子組換え作物は、除草剤を開発・製造・販売を行う世界的な大企業によって、微生物の遺伝子を植物に導入することによって作出されました。遺伝子組換え作物の生産物を日本も大量に輸入しており、食用油の原料や家畜の餌として利用しています。

除草剤耐性という特性は、除草剤の種類によりますが、突然変異で得られることがあります。スルホニルウレアを主成分とする除草剤やビスピリパックナトリウムを主成分とする除草剤（商品名「ノミニー」、「グラスショート」）には、植物が持っている遺伝子のDNAの1塩基が変わるだけで、植物が耐性になります。そのため、自然の突然変異でもよく生じますが、突然変異を人為的に起こさせて除草剤耐性にすることができます。

近年研究が活発に行われているゲノム編集技術を利用すると、特定の遺伝子に限定して突然変異を起こさせることができます。遺伝子のDN

Aの1塩基を置き換える技術も開発されており、その方法で除草剤耐性の植物を短期間に作ることができます。

シバザクラやコスモス、ヒマワリ、ナタネ、ヒナゲシ、西洋シバなど、広い面積で景観植物として栽培される鑑賞植物を除草剤耐性にすれば、栽培管理が随分楽になります。遺伝子組換え技術で作出すると、微生物の遺伝子を入れたりするので、いかにも人工的で人々に好かれないかもしれず、生物多様性への影響が心配されるかもしれませんが、突然変異で作れば、あまり抵抗感がないのではないかと思われます。

ただし、ある遺伝子のDNAの特定の1塩基を変えなければならないので、得られる率は極めて低いです。ゲノム編集技術で除草剤抵抗性の景観植物を作出し、除草剤をかけながら栽培すれば、大面積を労力をかけず低コストで管理できますが、人々にどのように受け止められるでしょうか？

草取りロボット

ロボットの開発が急速に進歩しており、「草取りロボット」も開発されることが期待されます。草の高さを判断して、背の高いものを残し、低いものを雑草として判定して刈り取る初期的なモデルの「草刈りロボット」はすでに市販されています。しかし、茎葉の形を見てその植物が何かを判定し、それを抜くべきか放置してよいかの判断をするのは、相当高度な能力を必要とします。双子葉植物と単子葉植物では葉の形がだいぶ違うので、ダイズ畑でイネ科雑草を取るロボットや、水田で双子葉植物の雑草を取るロボット、芝生でタンポポやシロツメクサを取るロボットなどは、比較的早く開発できるでしょう。

しかし、水田でイヌビエを取ったり、芝生でメヒシバやスズメノカタビラを取ったりするロボットは簡単にはできないでしょう。ましてや人間がやるように、これはヒメジョオンだから取る、これはヒナギクだから残すというように、個別に植物名を判定して草取りをするロボットの開発には、相当年数がかかるでしょう。

ロボットは精密機械なので、高温

や多湿、風雨には弱いです。太陽光はエネルギーに利用できますが、強い日照はプラスチック部分を劣化させるし、土埃や泥の汚れもロボットの寿命を縮めるでしょう。そのため、そういう不良環境から精密機器を保護する必要があり、室内で働くロボットよりもコストがかかり、困難が多いでしょう。しかし、科学技術の進歩は、今私たちが思っている以上に早いです。自動運転する自動車は、筆者が子供の頃の子供向けの雑誌に載っていた夢物語の世界でしたが、今やその実用化に近づいています。2足歩行ロボットの開発も進んでいます。草取りロボットの開発も活発になるかもしれません。

筆者がイメージしている草取りロボットは、大きさは1m×1m×1m程で4足歩行し、前に目と手が、後ろにバランス取りのためにしっぽが付いていて、1m幅でジグザグ状に雑草を探し、見つけたら片手でつまみ、もう一方の手で根元から掻き取り、雑草をつまんだ手で口に入れて中に貯める草食動物型ロボットです。草が貯まったら決まったところに排出に行き、太陽電池を背中に持ち、暗くなったり雨が降ると家に帰り、夜は自ら充電するようになれば完成です（図4）。

しかし、そこまでできなくても、草取りすべき場所と、何を栽培したいところか（抜いてはならない植物の種類）を最初に入力すれば作業し、草がいっぱいに貯まったら、そこで停止するようになっておれば、畑や空き地で十分に使えます。人工頭脳が進歩すると、こういう草取りロボットができると思います。ただ、農地や空き地、道路脇での仕事としての草取り作業はロボットに任せるとしても、様々な植物を植えている庭や公園の草取りは、ロボットにはまだ難しいでしょうから、人間が楽しみながらやるのがよいのではないでしょうか。

図4　草取りロボットのイメージ

雑草管理カレンダー

庭・畑・空き地の草取り12カ月

1月 January

1年で一番寒い月のため、雑草もあまり成長しません。雪に覆われる地域では、草取りの作業は全くありませんが、それ以外の地域では、スズメノカタビラやタネツケバナ、ハルジオンなどはこの時期でも少しずつ成長して、特に根が発達してきます。冬は土が硬くなるとともに雑草の根部が大きくなり、指では抜きにくくなってくるので、金属のヘラやねじり鎌を使って根元から掻き取ります。しかし、日差しが強い日であっても、気温は低いので、長時間の草取り作業は控えます。セイヨウタンポポやノボロギクなどの花が咲くこともあります。これらは、すぐには種子はつけないので、しばらく鑑賞していても大丈夫です。家の中に置いている鉢植えの中にも、オランダミミナグサやカタバミなどの小型の雑草がよく生えてくるので、指や金属のヘラで丁寧に抜きます。

2月 February

まだ寒い日が多いですが、日差しが強くなってくるので、早咲きのクロッカスやスノードロップ、フクジュソウなどが咲き、雑草も成長してきます。まだ雪で覆われている地域もありますが、暖地ではオオイヌノフグリが咲き出します。春に開花する雑草はこの時期に大分大きくなるので、天気が良くて暖かい日に、金属のヘラやねじり鎌を使って根元から掻き取ります。スギの花粉が2月から3月に飛んでくるので、草取りをする時は花粉を吸わないようにマスクをし、頭や首に花粉がかからないようつばの大きい帽子をかぶります（今アレルギーではない人も要注意です）。大きな雑草が生えていないため、冬の間に防草シートをかけるのによさそうに思えますが、イタドリやセイタカアワダチソウなど多年生の夏の大型雑草の根茎が地中に残っていると、春に防草シートを持ち上げる可能性があるので、この時期はやめておいた方がよいでしょう。

3月 March

暖かい日々と寒い日々が交互に来る季節で、スイセンやクロッカス、パンジーなどが咲き、ツクシやフキノトウが出て、春咲きの雑草が大きくなってきます。オオイヌノフグリやヒメオドリコソウ、ホトケノザ、セイヨウタンポポなどが咲き、雑草と呼ばれる植物の花も楽しめます。花が美しいと思っても、すぐに種子をつけるので、花が咲いたらすぐに草取りした方がよいでしょう。ツクシも胞子を落とす前に摘み取り、フキノトウも種子をつけるまでに刈り取ります。ハルジオンやハルノノゲシ、オニタビラコ、セイヨウタンポポなどは、ロゼット状態で株が大きくなってきます。花茎が伸び出す前にねじり鎌や草取り用の鍬で根元から掻き取っておいた方がよいでしょう。コウライシバはまだ枯れた状態から緑の芽が出始める時期ですが、西洋シバは伸び始めるので、この頃から芝刈りを始めます。

4月 April

暖かくなって、桜の花とともに、シバザクラやチューリップ、ムスカリ、ハナニラなど様々な草花が咲きます。スミレやセイヨウタンポポ、シロツメクサ、ハハコグサ、カラシナなどの雑草も花盛りになり、草取りが楽しい時期です。ねじり鎌を持って草取りをしていると、様々な可愛い草を見つけることができ、勝手に生えたパンジーやサクラソウ、ネモフィラなどが自然によく育ち、花盛りになります。スミレやセイヨウタンポポなどは、花が咲いているとつい草取りせずに残してしまいがちですが、花が終わるとすぐに種子を作って増えるので、まだ咲いているうちに草取りした方がよいでしょう。ハルジオンやハルノノゲシ、オニタビラコなどは花茎が伸びてくるので、手で花茎の下の方を持って引き抜くか、草取り用の鍬で根元を掻き取って抜きます。イタドリやセイタカアワダチソウ、ヨモギなどの多年生の夏の大型雑草の芽が根茎から出てくるので、できるだけ地下深くから草取り用の鍬やスコップなどで掘り取ります。コウライシバには目土を撒き、西洋シバは芝刈りを、この時期から秋まで頻繁に（できれば毎週）行います。

5月 May

ゴールデンウィークは庭仕事や畑作業に最も良い時期で、ホームセンターなどの園芸店が賑わいます。水田では田植え、野菜畑ではトマトやキュウリなどの夏野菜の植え付けの時期です。スズラン、オダマキ、ヒナゲシ、フランスギクなど1年で最も多い種類の花が咲き、月末にはバラも花盛りになります。この時期は、庭仕事や畑仕事が一番楽しめます。ただ、5月と6月前半は日差しが強い日が多いので、帽子をかぶり、紫外線カットグラスをかけ、アームカバーをつけて、紫外線対策をしっかり行います。雑草もこの時期に花を咲かせるものが多く、ジシバリやニガナ、クサノオウ、キショウブ、スイカズラなどの花は十分に鑑賞価値があります。しかし、花が咲いたら、種子をつける前にできるだけ早めに根元から掻き取るか、地上部を小さくします。カモガヤやイヌムギなど初夏に花を咲かせるイネ科の雑草は、茎が伸びて穂を出してくるので、できるだけ早めに地上5㎝程の高さで刈り取ります。また、メヒシバ、エノコログサ、カヤツリグサ、ヒメジョオンなどの夏の雑草が出てくるので、小さいうちにねじり鎌や草取り用の鍬で掻き取ります。

6月 June

後半は梅雨に入って雨が多くなり、庭の草取りや畑仕事がしにくくなります。雑草は雨水を多くもらってスクスクと成長し、手に負えなくなってきます。天気が良い日は暑いし、花も少なくなり、野菜の収穫はまだまだで、庭仕事や畑仕事の意欲が段々薄れてきます。しかし、この時期こそ草取りが重要です。セイタカアワダチソウやススキ、オオブタクサ、オオアレチノギクなどの大型の雑草が伸びてきます。株が小さいうちは草取り用の鍬などで掻き取りますが、大きくなると手に負えなくなるので、地上数㎝で刈り取ります。クズ、ヤブガラシ、アレチウリ、ヘクソカズラ、カナムグラなどのつる草も、この時期に伸び始めます。つるがまだ若いうちに、できるだけ根元を探して、地面に近い位置でハサミで切り取ります。カモガヤの花粉が飛ぶ時期なので、花粉を浴びないように、マスクをつけ、帽子をかぶり、アームカバーと手袋をして草取りをします。この時期には、食品を販売する普通のスーパーマーケットでも店頭に除草剤が並べられていたりします。雑草が手に負えない時は除草剤を上手く使って管理するのも1つの方法ですが、除草剤は注意して選びましょう。

7月 *July*

1年で最も暑い時期で、庭や畑に出るのが嫌になります。暑い日中の草取りは避けます。草取りを楽しむには、辛い作業を無理してやらないことです。朝9時前か、夕方5時以後に1時間以内で草取りをするのがよいでしょう。夏の朝夕は蚊に刺されやすいので、アームカバーと手袋をして、体に虫除けスプレーをかけたり、蚊取り線香をつけたりして行います。暑苦しいですが、時々吹く爽やかな風で癒されます。エノコログサやメヒシバ、ヒメジョオン、ヒメムカシヨモギなどの大型の雑草がよく成長するので、これらを根元から掻き取るか、地上部数cmを残して刈り取ります。野菜畑では夏野菜の収穫が始まりますが、カボチャやサツマイモがメヒシバに覆われてしまうことがあるので、こまめに草取りをします。また、メヒシバやエノコログサが穂を出してくるので、種子をつけさせないように注意しましょう。芝生では、あまり伸びないコウライシバも、この時期から9月頃まで、できれば2週間に一度程度芝刈りをします。面積が広い空き地では、草刈り機を使って草を刈ります。

8月 *August*

7月と同様に暑いですが、その上に乾燥します。暑さと乾燥で、雑草も少し勢いが衰えますが、スベリヒユやマンネングサのような乾燥に強い植物が増えてきます。庭では、自然に生えたユリやエゾミソハギなどが花を咲かせます。野菜畑は、夏野菜の収穫最盛期です。草取りは、蚊を防ぐ対策をして、朝9時前か夕方5時以後に行います。木を植えている庭では、特につる草に注意しなければなりません。うっかりしていると、ヤブガラシ、ヘクソカズラ、カナムグラなどが生垣や庭木をすぐに覆ってしまいます。これらは、絡んでいるつるを丁寧に取り除こうとしても手間がかかり、無理に取ると木を痛めるだけなので、株元を探し、茎をハサミで切ります。枯れたつるは秋に取り除きます。空き地でも、クズやアレチウリが広がります。つるが伸びると刈払い機で刈るのも難しくなります。伸びる前に刈るべきですが、見逃していて伸びてしまったら、つるをいろんな位置で切って短くし、枯れた後に集めるのが楽でしょう。草取りをする植物が、春とは違って大型になり、可愛げがありません。この時期は爽やかな風もあまり吹かなくなり、ただ暑いだけで草取りが楽しくありませんが、汗をかいた後、ビールを飲んだりシャワーを浴びたりすれば、草取りが少しは楽しくなるでしょう。

9月 September

暑さは7月や8月よりは少しましになり、台風が時々来たりして、雨が多くなります。蚊が多くなるので、虫除けスプレーや蚊取り線香などの虫除けが必要です。コスモスやヒガンバナ、アゲラタムなどの秋の花が咲きます。夏に大きくなったススキやオオハンゴンソウ、オオアレチノギク、アカザなどが咲くので、種子をつけさせないように鎌や草刈り機を使って刈り倒します。オオブタクサやヨモギも咲いて、花粉アレルギーの原因となる花粉を飛ばすので、花粉を吸い込んだり皮膚についたりしないように注意します。野菜畑では、夏野菜は収穫最盛期が過ぎて段々収穫できなくなりますが、ダイコンやホウレンソウの種播きなど秋野菜の栽培を始める時期です。庭では、パンジーやサクラソウ、ネモフィラ、キンギョソウなどの春咲きの花が発芽して小さな苗が育ってきます。同時に、春に花が咲くタネツケバナやオランダミミナグサ、オオイヌノフグリ、ヒメオドリコソウ、ハルジオンなどの雑草がよく出てくるので、それらを鑑賞用の花と見分けながら、指で抜き取るか、金属のヘラやねじり鎌などで株元から取り除きます。雑草の苗と花の苗を見分けながら雑草の草取りをする「選抜管理」は、知識を持った人間にしかできないことで、結構楽しい作業です。

10月 October

気温が下がり、晴天の日が多いため、アウトドアでの活動が楽しめる時期です。晴天の日中も、気持ちよく草取りを楽しめます。庭では、パンジーなどの春に花が咲く草花やチューリップなどの球根の植え付け時です。タネツケバナやオオイヌノフグリなどの春に花が咲く越年草の雑草が生育し、カタバミやハコベ、スズメノカタビラもよく増えるので、根元から掻き取ります。野菜畑では、夏野菜を片付けて、マルチを剥がします。秋野菜は、菜類などの小さな葉物野菜は収穫が始まります。秋野菜の栽培では、気になる雑草はあまりありません。防草シートをかけるなら、夏から秋、特に外での作業が気持ちよく行えるこの時期が適しているでしょう。地下部が生き残る大型雑草が一番問題なので、防草シートをかける前に、多年生の大型雑草を掘り取って根茎をきれいに取り除くか、夏の間に植物体全体を枯らす除草剤で完全に枯らします。翌年生えてくる一年生の雑草や小型の雑草は、防草シートで十分防げます。

11月 November

カエデなどの紅葉が美しい季節です。春に花が咲く越年草の雑草や、1年中開花するカタバミやハコベ、スズメノカタビラなどが次々と発芽して増えてくるので、こまめに指で抜くか、金属のヘラやねじり鎌などで掻き取ります。野菜畑ではサツマイモやサトイモ、ヤマノイモの収穫の時期です。ホウレンソウや菜類、ブロッコリーなどの秋野菜も収穫できます。野菜畑では、イヌガラシなどのアブラナ科の雑草がこの時期によく出てきますが、草取り用の鍬で掻き取ります。空き地ではセイタカアワダチソウが咲き、草丈が大きくなれば不気味ですが、50㎝以下の草丈で咲けば結構きれいです。増やしたくなければ、種子ができないように地上部を10㎝程度残して刈り取ります。庭や空き地では、枯れ草の片付けをこの時期に行います。

12月 December

庭の木々が落葉して、落ち葉の掃除が大変な時期です。庭は草取りよりも落ち葉拾いが忙しくなります。集めた落ち葉は、燃えるゴミで出すよりも、積んで腐葉土にする方が環境に優しいエコな生活でよいでしょう。庭の雑草は、もうあまり大きくなりません。気づいたら引き抜く程度で、あまり草取りの必要はありません。野菜畑では、ダイコンやキャベツ、ハクサイなどの収穫の時期です。畑も空き地も草取りの作業はありません。

用語解説集

【あ】

RNA　DNAと似た分子だがDNAとは糖の種類が異なり、生体内では通常二本鎖ではなく一本鎖である。

アポミクシス（無配偶生殖）　正常に雌雄の受精によって種子を作るのではなく、胚珠中の体細胞が胚に発達して種子ができる現象。母株と同じクローンが種子で増える。

アルカロイド　窒素原子を含む塩基性の有機化合物で、毒性や薬効があるものが多い。コーヒーのカフェインやタバコのニコチン、ケシのモルヒネなどがよく知られる。

アレロパシー　植物が物質を放出して他の植物の成長を抑えたり、動物や微生物を防いだりすること。「他感作用」とも言う。

異形花不和合性　同じ形の花の間での交配では種子ができず、異なる形の花の間での交配では種子ができるという性質。

一代雑種品種（F_1ハイブリッド）　異なる特性を持つ両親の間の雑種を「雑種第一代」と呼ぶが、両親が純系（自家受粉で種子を取ることを繰り返して遺伝的に均一にした系統）であれば、雑種第一代も均一になる。雑種であるため純系よりも強くなり（「雑種強勢」と言う）、均一なため、雑種第一代を品種として利用するが、これを一代雑種品種（F_1ハイブリッド）と呼ぶ。

遺伝子組換え　大腸菌などで増やしたDNAを人為的に別の生物の染色体に導入して、遺伝子として働かせること。微生物や動物の遺伝子や合成したDNAを植物に入れて遺伝子として働かせることもできる。

イヌリン　多糖類（でんぷんなど）の一種で、人体内で消化されないため、食物繊維となる。

栄養繁殖　イモや根茎などの栄養器官で繁殖すること。栄養繁殖で増えるとクローンが増えることになる。

液胞　細胞の中にある袋で、植物細胞では成長につれて大きく発達する。老廃物や色素、貯蔵タンパク質などを貯める細胞内器官。

塩基配列　DNAの4種類の塩基（アデニン、グアニン、シトシン、チミン）の並び方。遺伝子ごとにその並び方が決まっている。

【か】

寄生植物　自ら土壌中から水分を吸収し、光合成を行って大きくなるのではなく、植物に寄生して水分や栄養分を吸収して生育する植物。

クローン　有性生殖ではなく、イモや根茎などの栄養器官で繁殖すると元のものと同じ遺伝子を持ったものが増えてくる。このように全ての遺伝子が同一で、全く同じ遺伝的特性を示す個体同士をクローンと呼ぶ。

ゲノム編集　生物が持つ特定の遺伝子に突然変異を起こさせたり、DNA断片を導入する技術。

酵素　触媒のように生体内の化学反応を助ける分子で、ほとんどの酵素はタンパク質。

根茎　地中を横に伸びる地下茎。

根粒菌　窒素固定を行うバクテリアで、植物の根にコブ（根粒）を作り、その中で生存する。

【さ】

三倍体　生物の生存に必要な最低限の染色体の数を基本数と言うが、基本数の3倍の数の染色体を持つ個体のことを言う。ほとんどの生物は二倍体で、基本数の染色体を両親からそれぞれ受け継いでいる。三倍体では配偶体の細胞ができる時に染色体の数が基本数からずれるため、生存能力のある配偶子ができない。

CAM型光合成　極めて乾燥したところに適応したサボテンなど多肉植物が行う光合成で、夜間に気孔を開いて二酸化炭素を取り込み、日中に気孔を閉じて、夜間に取り込んだ炭素を糖に変える。

C3型光合成　大多数の植物種が行う普通の光合成。空気中の二酸化炭素を取り込んで最初の反応でできる物質が炭素（C）が3つの化合物であるため、C3型と呼ばれる。

C4型光合成　トウモロコシやヒエなどの乾燥した環境に適応した植物が行う光合成。空気中の二酸化炭素を取り込んで最初の反応でできる物質が炭素（C）が4つの化合物で、その後C3型光合成と同じ反応となるためこう呼ばれる。

自家受粉　雌しべに自分（同じ株）の花粉がつくこと。

自家不和合性　自家受粉では種子ができず、別の株の花粉で受粉（他家受粉）して種子ができる性質。

蒸散　植物の茎葉から水分が空気中に放出されること。主に気孔を通じて放出される。

舌状花　ヒマワリなどのキク科の花で、周囲にある目立った花弁をつけた花。キク科の花で1枚の花弁と見えるのが、1つの舌状花。キク科の花で八重咲きとされるのは、舌状花が多数ついた花。

前葉体　シダ類の胞子が発芽してできる配偶体で、多くのシダ類では緑色でハート形の薄い葉のような形をして数㎜程の大きさである。

草本植物　一般に言う「草」。果実ができた後に枯れて、地上部がなくなる。地上部が残る木本植物（＝木）に対する用語。

ソラニン　ジャガイモが持つアルカロイドで、人畜に毒性がある。

【た】

脱粒性　イネ科植物などで、成熟した種子が穂から脱落する特性。野性的な植物は脱粒しやすい。

短花柱花　異形花不和合性を持つ植物で雌しべが短く雄しべが長い花。

窒素固定　空気中の窒素分子をアンモニアなどの窒素化合物に変換すること。細菌類に窒素固定ができる種類があり、マメ科の植物は窒素固定ができる根粒菌と共生しているので窒素肥料が少なくてもよく育つ。

虫媒花　虫に花粉が運ばれて他の株に受粉する花。虫を惹きつけるよう目立つ花弁を持ったり香りがあったりする。虫に受粉してもらうように特別な構造を持った花もある。

長花柱花　異形花不和合性を持つ植物で雌しべが長く雄しべが短い花。

DNA　遺伝子を構成する物質。糖とリン酸が交互につながった鎖に4種類の塩基（アデニン、グアニン、シトシン、チミン）が、ある決まった配列で並んでいる分子で、2本の鎖が対となり二本鎖になっている。対になった鎖の間では、アデニンはチミンと、グアニンはシトシンと対を作る。

筒状花　ヒマワリなどのキク科の花で、中央の芯にあたる部分にある目立たない筒の形をした花。花の中心部は、多数の筒状花の集合体となっていて、各筒状花がそれぞれ雌しべと雄しべを持つ。

頭状花序　花の集合体を花序と呼ぶが、小さな花の集合体が1つの花に見えるキク科の花独特の花序のこと。中心に筒状花の集合体があり、それを取り囲むように舌状花が多数つく。キク科では、舌状花ばかりで後から中心に筒状花が出てくる花が八重咲きと呼ばれる。

【な】

内生菌　植物体内で生存する病気を引き起こさない微生物。細菌や糸状菌でエンドファイトとも呼ばれる。

【は】

配偶体　配偶子（卵細胞や精細胞）を持つ器官。種子をつける植物では花粉や胚のうが配偶体であり、シダ類では前葉体。配偶子が受精してできた植物体は「胞子体」と呼ぶ。

胚珠　雌しべの中にあり、受精後発達して種子になる。

風媒花　風で花粉が飛ばされて他の株に受粉する花。一般に花は目立たず、多数の花粉をつける。

不定芽　本来芽が出るところではない組織の細胞から分化した芽。

フラノクマリン　植物が防御物質として持つ有機化合物の一種。赤く腫れる皮膚炎の原因となる。

分げつ　イネ科などの植物で、地際部から出た脇芽。

閉花受粉　花が開花しないで、自家受粉すること。スミレの他にダイズやイネでも天候不順の時には閉花受粉が起こって種子ができる。

閉鎖花　蕾の状態で閉花受粉を行う花。スミレでよく知られている。

芳香族アミノ酸合成経路　ベンゼン環（6つの炭素原子で作る6角形の構造）などの環状の構造を持つ有機化合物を芳香族化合物と呼ぶ。タンパク質を構成するアミノ酸では、ベンゼン環を持つフェニルアラニン、トリプトファン、チロシンと、ベンゼン環ではなく5角形の構造を持つヒスチジンが芳香族アミノ酸に含まれる。その合成経路のこと。

胞子茎　胞子が入っている袋である胞子嚢をつける茎。

【ま】

木本植物　一般に言う「木」。茎が硬くなって（＝木化）、成長に適さない季節になっても地上部が残り、適した季節になると硬くなった茎から芽が出る。地上部がなくなる草本植物（＝草）に対する用語。

【や】

有性生殖　雌の器官（植物では胚珠）の中の細胞（卵細胞）と雄の器官（植物では花粉）の中の細胞（精細胞）が合体（受精）して子ができる生殖。植物がイモや根茎で増えるように、受精しないで増える「無性生殖」に対する用語。

【ら】

リボソームRNA　リボソームは細胞内でタンパク質の合成が行われる時に働く細胞内小器官で、RNAとタンパク質でできているが、このRNAのこと。

緑肥植物　栽培した植物体を土中にすき込み肥料として利用する植物。一般に窒素固定ができるマメ科植物を用いるが、有機物を増やすためにイネ科植物を用いることもある。

Rubisco　C3型光合成で空気中の二酸化炭素を取り込む最初の反応で働く酵素。C4型のものもCAM型のものもこの酵素を持つため、地球上で最も多量に存在するタンパク質と言われている。

ロゼット　茎が伸びず、地際部から葉を出して育っている状態。

おわりに

日本には多くの公園や緑地があり、その維持管理費は税金で賄われています。しかし、1㎡あたりの維持管理費は、平成9年から10年間に約35％減少し、その後も減少の一途をたどっているようです。人口減少社会にあって、都市公園の管理が行き届かず、荒れ放題になる公園が今後増加してくるものと予測されます。荒れる一番の原因は雑草の繁茂で、雑草だらけの公園には人が行かなくなり、人が行かない公園は手入れもされないので、さらに荒れます。公園の維持管理にかけられる予算が減少していく中にあって、住民参加で公園や緑地を管理していくような対策を考えないと、今後ますます荒れていくでしょう。ニューヨークのセントラルパークは、1970年代にかなり荒廃しましたが、1980年代に市民団体によって維持管理が行われるようになり、その後NPOによって管理されるようになったそうで、今は本当にきれいな公園です。

日本では0・3ha以上の住宅の分譲地を開発すると、開発区域の面積の3％以上の公園、緑地または広場を設けることが求められるので、小さな団地でも必ず小さな公園があります。大きな団地では町内会や管理組合が市の助成金を受けて管理するようになっていたりしますが、小さな団地の公園は雑草に覆われていることが多いです。住民の当番制や日を定めて全員参加で行うように作業を義務化するより、草取りを楽しめる人がボランティアとして活躍する方が、互いによいでしょう。しかし、一人でやっていても、物好きな人だと白い目で見られるだけです。数人でやるのが望ましいですが、そのボランティアをどのように組織するかが重要です。

多数のボランティアを組織できれば、日本でもセントラルパークのような立派な公園の管理もできるようになるかもしれません。高齢者が多くなり、自由な時間をたくさん持つ人が増えています。立派な公園の管理ができれば、やりがいも大きいことでしょう。これまで市が管理していた公園の管理が市民のボランティアでうまくできるようになれば、若い人の家族は美しい公園で子供を遊ばせることができ、公園の雑草や樹木の管理をするボランティアは人から感謝されることでやりがいができ、市は歳出予算の削減ができ、ウィン・ウィン・ウィンの三方よしの関係ができ上がります。本書が少しでもお役に立てて、草取りを楽しめる人が増えることを期待しています。

本書は、「楽しい草取り」という題名で執筆し、出版社での慎重な検討の結果、書名が変更されました。そのため、草取りを楽しむにはどうするかということが主題となっていて、様々な草取りの技を十分に伝えきれていないところがありますが、ご容赦願います。本書の編集にあたっては、誠文堂新光社『農耕と園藝』編集長の黒田麻紀氏とフリーランスの編集者戸村悦子氏には大変なご尽力をいただき、筆者が期待していた以上にアイデアが豊富で楽しそうな本となりました。また、イラストレーターの坂木浩子氏には、可愛らしいイラストをたくさん入れていただきました。東北大学の北柴大泰氏、山形大学の笹沼恒男氏、農林水産省の加藤信氏と宮城県の宇田川久美子氏には、本書出版のために写真提供をいただきました。その他多数の写真は、仙台市郊外の各地に出向いて撮影したものので、妻のきよみさんにはいつも写真撮影に協力していただきました。本書の出版にご協力いただきました皆様に、心から感謝の意を表します。

西尾　剛

[参考図書] 牧野富太郎『原色牧野植物大図鑑』(北隆館)
高橋秀男監修『野草大図鑑』(北隆館)
林 弥栄編『日本の野草』(山と渓谷社)
岩槻秀明『街でよく見かける雑草や野菜がよーくわかる本』(秀和システム)
藤井伸二監修『色で見わけ五感で楽しむ野草図鑑』(ナツメ社)
稲垣栄洋『雑草キャラクター図鑑』(誠文堂新光社)
土橋 豊『人もペットも気をつけたい園芸有毒植物図鑑』(淡交社)

へ

ほ

ま

み

む

め

ち

つ

て

と

な

に

ね

す

せ

そ

た

く

け

こ

さ

し

お

か

き

索 引

（五十音順）

あ

い

う

え

※太いページ数字……「よく生える雑草 草取りガイド」（49〜124ページ）、「雑草化する園芸植物」（147〜174ページ）で詳しく説明しています。

【著者】
西尾　剛（にしお たけし）
1952年大阪府生まれ。1980年東北大学大学院農学研究科博士課程修了（農学博士）後、農林水産省野菜試験場研究員、農業生物資源研究所放射線育種場研究室長を経て、1997年東北大学大学院農学研究科教授。2018年より東北大学名誉教授。専門書「植物育種学」「植物育種学各論」（文永堂出版）、「見てわかる農学シリーズ　遺伝学の基礎」「植物遺伝学入門」（朝倉書店）、「The Radish Genome」（Springer）、一般書「花の品種改良入門」（誠文堂新光社）、「菜の花サイエンス」（東北大学出版会）。趣味はオペラ鑑賞、チェロ演奏。

写真提供　北柴大泰
笹沼恒男
加藤　信
宇田川久美子

staff　カバー・本文デザイン：代々木デザイン事務所
編集：戸村悦子
イラスト：坂木浩子
図版：プラスアルファ

庭・畑・空き地、場所に応じて楽しく雑草管理 草取りにワザあり！

NDC470

2019年5月20日　発　行
2023年2月5日　第8刷

著　者　西尾　剛

発行者　小川雄一
発行所　株式会社 誠文堂新光社
〒113-0033　東京都文京区本郷3-3-11
TEL03-5800-5780
https://www.seibundo-shinkosha.net/
印刷・製本　図書印刷 株式会社

Printed in Japan

ISBN978-4-416-61966-7